百科经典科普阅读丛书

U0182923

你为什么解不开数学题

谈祥柏 编

中国大百科全书出版社

图书在版编目（CIP）数据

你为什么解不开数学题／谈祥柏编. --北京：
中国大百科全书出版社，2020.8
ISBN 978-7-5202-0755-3

I. ①你… II. ①谈… III. ①数学－少儿读物 IV.
①O1-49

中国版本图书馆CIP数据核字（2020）第074815号

出 版 人：刘祚臣
责任编辑：黄佳辉
封面设计：吾然设计工作室
责任印制：李宝丰
出版发行：中国大百科全书出版社
地　　址：北京市西城区阜成门北大街17号　　　邮编：100037
网　　址：http://www.ecph.com.cn　　　电话：010-88390112
图文制作：北京博海维创文化发展有限公司
印　　刷：河北鑫玉鸿程印刷有限公司
字　　数：101千字
印　　张：6.5
开　　本：889毫米×1194毫米　　1/24
版　　次：2020年10月第1版
印　　次：2025年1月第9次印刷
书　　号：978-7-5202-0755-3
定　　价：48.00元

丛书序

　　科技发展日新月异，"信息爆炸"已经成为社会常态。

　　在这个每天都涌现海量信息、时刻充满发展与变化的世界里，孩子们需要掌握的知识似乎越来越多。这其中科学技术知识的重要性是毋庸置疑的。奉献一套系统而通彻的科普作品，帮助更多青少年把握科技的脉搏、深度理解和认识这个世界，最终收获智识成长的喜悦，是"百科经典科普阅读"丛书的初心。

　　科学知识看起来繁杂艰深，却总是围绕基本的规律展开；"九层之台，起于累土"，看起来宛如魔法的现代科技，也并不是一蹴而就。只要能够追根溯源，理清脉络，掌握这些科技知识就会变得轻松很多。在弄清科学技术的"成长史"之后，再与现实中的各种新技术、新名词相遇，你不会再感到迷茫，反而会收获"他乡遇故知"的喜悦。

　　丛书的第一辑即将与年轻读者们见面。其中收录的作品聚焦于数学、物理、化学三个基础学科，它们的作者都曾在各自的学科领域影响了一整个时代有志于科技发展的青少年：谈祥柏从事数学科普创作五十余载、被誉为"中国数学科普三驾马车"之一；甘本祓创作了引领众多青少年投身无线电事业的《生活在电波之中》；北京大学化学与分子工程学院培养了中国最早一批优秀化学专业人才……他们带着自己对科技发展的清晰认知与对青少年的殷切希望写下这些文字，或幽默可爱，或简洁晓畅，将一幅幅清晰的科学发展脉络图徐徐铺展在读者眼前。相信在阅读了这些名家经典之后，广阔世界从此在你眼中将变得不同：诗歌里蕴藏着奇妙的数学算式；空气中看不见的电波载着信号来回奔流不息；元素不再只是符号，而是有着不同面孔的精灵，时刻上演着"爱恨情仇"……

"百科经典科普阅读"丛书既是一套可以把厚重的科学知识体系讲"薄"的"科普小书"，又是一套随着读者年龄增长，会越读越厚的"大家之言"。它简洁明快，直白易懂，三言两语就能带你进入仿佛可视可触的科学世界；同时它由中国乃至世界上最优秀的一批科普作者擎灯，引领你不再局限于课本之中，而是到现实中去，到故事中去，重新认识科学，用理智而又浪漫的视角认识世界。

愿我们的青少年读者在阅读中获得启迪，也期待更多的优秀科普作家和经典科普作品加入到丛书中来。

中国大百科全书出版社

2020 年 8 月

目录

一、趣味逻辑

二、趣味几何与拓扑

三、趣味图论与排列组合

趣味逻辑

可以看信吗?

有本领的辩护律师,借助逻辑手段能从一大堆杂乱无章的事实中理出头绪来,从而证明被告人无罪.日常生活中,处处有问题,懂点逻辑,大有好处.

通常,条件命题"若 p 则 q"用得最广,可用记号 $p \to q$ 表示.所谓"三段论",也就是以下的推理形式:

前提	结论
$p \to q$, $q \to r$	$p \to r$

在复杂情况下,光有"三段论"显然是不够的,而需要把一系列的"→"号串联起来.著名童话《爱丽丝漫游奇境记》的作者、英国剑桥大学数学讲师卡罗尔曾举过一个极有趣的例子:

(1)室内所有注明日期的信都是用蓝纸写的;

(2)玛丽写的信都是用"亲爱的"开始;

(3)除了查理以外没有人用黑墨水写信;

(4)我可以看的信都没有收藏起来;

(5)只有一页信纸的信中,没有一封不注明日期;

(6)未做记号的信都是用黑墨水写的;

(7)用蓝纸写的信都收藏起来了;

(8)一页以上信纸的信中,没有一封是做记号的;

(9)以"亲爱的"开始的信,没有一封是查理写的.

请作出判断，我是否可以看玛丽写的信？

让我们先用记号表示命题，然后用逻辑方法加以证明．

令 p 表示"信是注明日期的"；

q 表示"信是写在蓝纸上的"；

r 表示"信是用黑墨水写的"；

s 表示"信是查理写的"；

t 表示"信已被收藏起来"；

u 表示"我可以看这封信"；

v 表示"只有一页信纸的信"；

w 表示"做了记号的信"；

x 表示"玛丽写的信"；

y 表示"以'亲爱的'起始的信"．

另外，记号"$\neg$"表示"否"（如"$\neg p$"表示 p 的否命题），则原命题（1）到（9）变成

（1）$p \rightarrow q$；

（2）$x \rightarrow y$；

（3）$\neg s \rightarrow \neg r$；

（4）$u \rightarrow \neg t$；

（5）$v \rightarrow p$；

（6）$\neg w \rightarrow r$；

（7）$q \rightarrow t$；

（8）$\neg v \rightarrow \neg w$；

（9）$y \rightarrow \neg s$．

其中的（4）（6）（8）句可表示为

（4）$t \rightarrow \neg u$；

（6）$\neg r \rightarrow w$；

（8）$w \rightarrow v$．

然后进行重排，得

（2）$x \to y$；

（9）$y \to \neg s$；

（3）$\neg s \to \neg r$；

（6）$\neg r \to w$；

（8）$w \to v$；

（5）$v \to p$；

（1）$p \to q$；

（7）$q \to t$；

（4）$t \to \neg u$；

所以，结论是 $x \to \neg u$.

这就证明了"我不可以看玛丽写的信".

究竟谁说谎?

张三说李四在说谎,李四说王五在说谎,而王五却说张三和李四都在说谎.请判断:到底谁说真话,谁说假话?

一个人所讲的话,非真即假,因此,根据各种可能情况,列出下面一张表格.由题意立即可看出:张、李不可能同时都说假话.因若李四说假话,则张三就是在说真话了.反过来也是这样,所以表中第一、二两行的情况是不可能出现的.

张三	李四	王五
假	假	假
假	假	真
假	真	假
假	真	真
真	假	假
真	假	真
真	真	假
真	真	真

应用类似的推理方法,读者不难推出,除了第三行以外,表格中的其他各行都不可能成立.

所以本题的答案是:张三和王五都说了假话,只有李四说的是真话.

此类表格称为"真值表".许多"离散数学"教材的第一章就介绍了这方面的内容.

谁的报道真实？

报社收到三个在前线采访战事新闻的记者发回的战报，内容如下：

甲：我军已占领敌人城市 A，消灭敌军 2000 人，缴获大炮 80 门，摧毁敌军坦克 100 辆.

乙：我军尚未占领敌人城市 A，消灭敌军 3000 人，缴获大炮 50 门和轻武器 2500 件.

丙：我军已占领敌人城市 A，摧毁敌军坦克 100 辆，消灭敌军 3000 人，缴获大炮 80 门.

这三个新闻记者中，一人报道全属子虚乌有，一人报道只有一处不真实，一人报道全部符合实战情况，总编应决定选用谁的报道？

甲与乙的报道完全不一致，因而报道全真或全假，必是他们两人中的一个. 乙和丙报道中有一处一致，甲和丙报道中只有一处不一致，如果乙的报道属实，则丙的报道错误之处将达三处之多. 这与题设"一人报道只有一处不真实"矛盾. 所以乙的报道全是假的，甲的报道是完全真实的. 总编决定刊登甲的报道.

两个方案

外国某市的参议会正在讨论有关该市发展规划的方案．归纳各党派的意见，形成两个方案．市参议会里有四个不同的政治派别：激进党、社会党、共和党和无党派人士．每个市议员都分属于上述四个派别之一，各党派在市议会里所占有的席位相等．表决结果如下：

（1）尽管其他政治派别内部意见都不一致，但激进党人都一致赞成第一或第二方案．

（2）社会党人赞成第二方案的人数和共和党人赞成第一方案的人数相等．

（3）赞成第二方案的无党派议员，占全部赞同第二方案的市议员的三分之一．

市长要使自己的决定与多数人意见一致，应该采用哪一种方案？

设每一政治派别的市议员人数为 x 人，赞成第二方案的社会党议员人数为 y 人，则赞成第一方案的共和党议员人数也是 y 人．两种可能的选择方案取决于激进党人的态度．

如果激进党议员都赞成第二方案，则赞成第二方案的有：

激进党 x 人，社会党 y 人，共和党 $x-y$ 人，无党派人士占赞成第二方案总人数的三分之一，即占赞成第二方案的非无党派人士占总人数的一半，故赞成第二方案的无党派人士是 $(x+y+x-y)\div2=x$ 人，即无党派人士一致赞成第二方案．这与"除激进党外其他党派意见都不一致"矛盾，所以激进党全部赞成第二方案是不可能的．

笔记栏

如果激进党都不赞成第二方案，则赞成第二方案的有：

激进党 0 人，社会党 y 人，共和党 $x-y$ 人，无党派人士 $\frac{1}{2}(y+x-y)=\frac{1}{2}x$ 人，合起来有 $\frac{3}{2}x$ 人．

这样赞成第一方案的共有：$4x-\frac{3}{2}x=\frac{5}{2}x$ 人．所以市长决定采用第一方案．

巧计问路

有个村庄，很像《水浒传》里的祝家庄，曲折迂回的路很多，外来者不明真相，一旦迷了路，就被困住．要想脱身，只有一条路可走．村民张三和李四知道这条路在村东或村西，然而他们中一个人说真话，另一个说假话．究竟谁是诚实的，谁是不诚实的，外人不得而知．

有位外来者向他们问路，假使只能问一句话，而对方的回答又只能用"东""西"两个字之一．那么，究竟问一句什么话，才能摆脱困境？

这个问题看似很难，但还是有解决的办法．因为问句虽然只限定一句，但可以用复杂的方式来发问，并可以巧妙地利用两人之间的矛盾．

这位外来者可以问张、李中的任一人："当我问'通路是在村东吗？'那一位将作如何回答？"

可以判明，此问题经过被问人的转述以后，其结果总是与事实相违．当回答的是"西"，则通路在东；而当回答的是"东"，则通路必在西．

请看下面的表：

通路的实际位置	被询问者讲真话、假话的情况	听到的回答
东	张三真话 李四假话	西
东	张三假话 李四真话	西
西	张三真话 李四假话	东
西	张三假话 李四真话	东

求婚者的智慧

《威尼斯商人》是莎士比亚的一部名剧，后来被一位逻辑学家编了一些情节，变得逻辑味道十足了．

女主角对前来求婚的达官贵人们说："摆在你们面前的是三只盒子，一只金的，一只银的，一只铅的．每只盒子的铭牌上各写着一句话，三句话中，只有一句是真话．谁能猜中我的照片放在哪一只盒子里，谁就可以做我的丈夫．"

金盒子上写的是："照片在这只盒子里"，银盒子上写的是："照片不在金盒子里"，铅盒子上写的是："照片不在这只盒子里"。

骄奢淫逸的"草包"亲王面对三只盒子束手无策，然而一位聪明的青年安东尼奥运用逻辑推理手段，开动脑筋，很快就猜中了，于是有情人终成眷属．

那么，他究竟是怎样想的呢？

原来，他先注意到，写在金盒子铭牌上的话"照片在这只盒子里"与写在银盒子铭牌上的话"照片不在金盒子里"是完全互相矛盾的，因此这两句话中必有一句真话、一句假话．至于何为真，何为假，他用不着再去考究．既然真话只有一句，那么它显然已经用掉了，因此写在铅盒子铭牌上的话肯定是句假话，而这句话说的是"照片不在这只盒子里"，可见照片确实是放在其中！

谁讲的是真话?

有 10 个人,每人都讲了一句话.他们的话听起来像是雷同的,仅有一字之差.你能否判断谁讲真话?

这个趣题的风格非常独特,它出自美国科普作家马丁·加德纳之手,令人产生一种新奇之感.今将外国姓名改成中式的.

赵:我们 10 个人中只有 1 人讲假话.

钱:我们 10 个人中有 2 人讲假话.

孙:我们 10 个人中有 3 人讲假话.

李:我们 10 个人中有 4 人讲假话.

周:我们 10 个人中有 5 人讲假话.

吴:我们 10 个人中有 6 人讲假话.

郑:我们 10 个人中有 7 人讲假话.

王:我们 10 个人中有 8 人讲假话.

冯:我们 10 个人中有 9 人讲假话.

陈:我们 10 个人讲的全是假话.

你能否判断出这 10 个人中,究竟谁讲的是假话.当然,我们假定这 10 个人的话在逻辑上都是站得住的,即不存在自相矛盾.

本题可用"反证法"来作出推理.从原题,我们知道 10 个人所说的话各不相同,讲真话的只能有 1 人.如果老赵讲的这句话是真话,那么还应有 8 人也讲真话,而这是不成立的,所以老赵讲真话的假设应予否定.

依此类推,钱、孙、李等人讲真话的可能性都被一一排除,剩下来,只有老冯所说的话与原命题无矛盾,可以相容,所以只有老冯讲的是真话.

笔记栏

死里逃生

　　古代的某一个国家，要用抽签办法来决定犯人的生与死．具体的做法是，由法官在两张纸上分别写上"生"与"死"，让犯人去抽，抽到"生"字，就可赦免；抽到"死"字，就立即处决．

　　有一个犯人，因与法官有私仇，法官为了报复，偷偷地在两张纸片上都写上"死"．这个犯人有个好朋友得知了这个情报，便偷偷地把这个消息告诉了这个犯人．哪知这个犯人却很高兴，觉得一定可以生还了．你知道这是怎么回事吗？

　　第二天开庭，犯人面对两张纸片，飞速抢了一张吞到肚子里．谁知道这张已吞到肚子里的纸片上写的是"生"字还是"死"字？陪审员议论以后认为，只需打开留下的一张纸片看一下，就可以确定犯人所抽到的、也就是吞下肚去的那张纸片上写的是什么字了．留下的那张当然写的是"死"字，于是，陪审员们断定吞下的该是"生"字纸片，犯人被当庭释放了，法官也无可奈何．

黑帽和白帽

一位老师想辨别他的三个得意门生中哪一个更聪明些.他采用了下列方法：

事先准备 5 顶帽子，其中 3 顶白的，2 顶黑的.在试验前，先让三个学生把这些帽子看一看，然后要他们闭上眼睛，替每个学生各戴上一顶白帽子，而把两顶黑帽子藏起来.最后，命令他们张开眼睛，要他们说出自己头上戴的是什么颜色的帽子.

三个学生相互看了一看，沉思了一会，最后异口同声地说，自己头上戴的是白帽.

他们怎么会猜出来的呢？

他们的推理过程是这样的：

先看"两个人，一顶黑帽"的情形.

甲看见乙头上戴的是白帽，自己头上可能是白帽，也可能是黑帽.而如果自己头上戴的是黑帽，乙应该马上说出他头上戴的是白帽（别忘了，他们都是"聪明"的学生），而现在乙没有马上说出来，可见自己头上不是黑帽，而是白帽.

再看"三个人，两顶黑帽"的情形.

甲看见乙、丙头上戴的是白帽，自己头上的帽子是什么颜色呢？他的推理如下：

假如自己头上是黑的，那么除甲之外，就变成了"两个人（乙、丙），一顶黑帽"的情况.经过少许时间的思考，乙、丙两人都应该说出自己头上戴的是白帽.而现在他们两人谁都不吭声，可见自己头上戴的是白帽.

这个问题是我国著名数学家华罗庚在演讲中多次提到过的.它包含了反证法和数学归纳的思想.

谁穿了蓝色大衣？

在一列国际列车上的某节车厢内，有 A、B、C、D 四名不同国籍的旅客，他们身穿不同颜色的大衣，四人两两对面而坐，两人靠窗，另两人靠过道坐．已知有一个人穿蓝色大衣，又知道：

（1）英国旅客坐在 B 先生的左侧；

（2）A 先生穿褐色大衣；

（3）穿黑色大衣者坐在德国旅客的右侧；

（4）D 先生的对面坐着美国旅客；

（5）俄罗斯旅客身穿灰色大衣；

（6）英国旅客把头转向左边，望着窗外．

请找出谁是身穿蓝色大衣的间谍．

以条件（6）为解题突破口，可见英国人坐在靠窗一边，由（1）知 B 先生是挨过道坐的．

由条件（3）可以推出德国旅客坐在 B 先生对面靠过道一边，而穿黑色大衣者必坐在英国人对面，也是靠窗坐的．

条件（4）明确指出 D 先生的对面坐着美国人，由于四人中英、德两国籍的旅客的座位已经明确，所以他们对面的旅客决不可能是 D 先生，而 D 先生只可能是英、德两国人中的一个．这一步推理是关键性的．

再下去可用试探法．设德国人是 D 先生，则 B 先生将是美国人，于是坐在 D 先生旁边的穿黑色大衣的人便是俄罗斯人，但这与条件（5）抵触，由此

推知 D 先生不可能是德国人，应是英国人，从而得知英国人对而坐的是美国人，而在英国人旁边坐的是俄罗斯人．从条件（2）得知，A 先生是穿褐色大衣的，所以他只能是德国旅客，剩下的美国人就是 C 先生．

现在，别无选择余地，穿蓝色大衣的非英国人莫属了．

找对象

仅仅是分开变为合并，结论就会截然相反，这究竟是怎么回事？

罗尼小姐是位统计员，她想在单身汉中找对象．一天晚上，她得知俱乐部中将要举办联欢会．一组在东厅，一组在西厅．在参加者中，有些人留着胡子，有些人没有留；有些人风流潇洒，有些人循规蹈矩．由于职业本能，她发现，在东厅留胡子的人中风流人物占 $\frac{5}{11}$，不留胡子的人中，风流人物的比例要小一些，是 $\frac{3}{7}$．在西厅，留胡子的风流人物占 $\frac{2}{3}$，而不留胡子的风流人物所占比例是 $\frac{9}{14}$，较前者略小．

于是罗尼小姐得出结论，不论她参加哪个联欢会，她只要去找留胡子的小伙子，因为其中风流人物较多一些．

岂知她到达俱乐部时，两个小组已决定联合举行联欢活动，地点改在北厅，参加者照旧，一个不多，一个不少．

本能促使她再来作一次统计，然而结论使她大吃一惊，原来她发现，不留胡子的人中，风流人物占 $\frac{12}{21}$，而留胡子的人中，风流人物占 $\frac{11}{20}$，前者略大于后者，结论完全颠倒过来了．

罗尼小姐再三检查，找不出毛病出在哪儿，她一气之下，打道回府．

这个惊人的结论首见于美国统计学专家艾伦·沃利斯的著作《统计的本质》，由于它非常精彩，因而被迅速传播到世界各地，有人甚至称它为"投向统计学的重磅炸弹".

其实，它的道理还是比较好懂的.

由不等式 $$\frac{b}{a}>\frac{d}{c} \text{ 和 } \frac{f}{e}>\frac{h}{g},$$

我们自然不能断定 $\frac{b+f}{a+e}>\frac{d+h}{c+g}$ 成立与否.这个结论不过是找到一些数字实例，使不等式逆转而已.

但是，它对人们的心理影响却是一下子很难消除的.所以人们理应分外谨慎，才能作出正确结论.

趣味几何与拓扑

巧证勾股定理

任给一个直角三角形，两直角边分别为 a、b，斜边为 c，则 $a^2+b^2=c^2$.

这就是勾股定理. 在课本上，一般都用面积证法. 还有没有别的证法呢？

据说，勾股定理的证法有 367 种，有个美国人把这些证法搜集起来编成一本书. 下面列出的证法较为有趣.

我国三国时期吴国的数学家赵爽用简单明了的图形方法（也称图验法），得出了如下的证明：

图 1（1）与（2）的两个正方形大小相等. 然而，这个大正方形如图 1（1）那样割去四个直角三角形之后，得边长为 c 的小正方形；如图 1（2）那样割去四个直角三角形之后，得到两个边长分别为 b、a 的两个小正方形，于是有 $c^2=a^2+b^2$，即勾股定理得证.

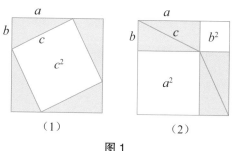

（1）　　　　　（2）

图 1

印度数学家婆什迦罗在他的著作里，画了如下两个图（图 2），在图下写了"请看！"就算把勾股定理证完了.

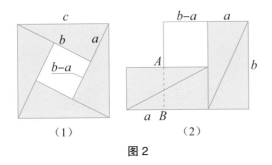

（1）　　　　　　　（2）

图 2

其意思是，图 2（1）中的四块直角三角形，可拼成（2）中的两个矩形，（1）中的小正方形，直接移到（2）的左上角，这说明（1）（2）中的两个图形面积相等．然而，在图 2（2）上补上一条虚线 AB 之后，图 2（2）那个"阶梯"图形可割为两个正方形．这样一来，图 2（1）中的大正方形面积等于（2）中的两个小正方形面积之和．勾股定理得证．

直到近代还有人在摸索勾股定理的新证法．1930年，英国有一位商人，业余数学爱好者画出一个图（图 3），图中可明白地看出直角三角形斜边上的正方形可以分拼成两个直角边上的正方形，从而勾股定理的正确性自明．这位商人对自己的新证法十分得意，竟将它印在自己的名片上．

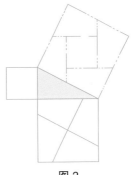

图 3

曾当过半年美国总统的加菲尔德，在 1876 年进行了一个巧妙的证明（如图 4）：

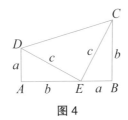

图 4

笔记栏

$$S_{梯形\,ABCD}=\frac{1}{2}(a+b)^2=\frac{1}{2}(a^2+2ab+b^2)$$

又有
$$S_{梯形\,ABCD}=S_{\triangle AED}+S_{\triangle EBC}+S_{\triangle CED}=\frac{1}{2}ab+\frac{1}{2}ab+\frac{1}{2}c^2,$$

比较两式，就可得

$$c^2=a^2+b^2.$$

勾股定理是人类进入文明社会之后最早发现的定理之一．就定理的发现来说，我国早于西方．我国最早的一部天文、数学著作《周髀算经》中已有记载．

十字形化矩形

有一十字形，它由五个全等的正方形组成（如图所示）. 你能把它切成三块，拼成一个长是宽两倍的矩形吗？

设每个正方形的边长为 a，则十字形的面积为 $5a^2$. 令拼成的矩形的长为 x，则宽为 $\dfrac{x}{2}$. 它们的面积相等，即

$$\frac{1}{2}x^2 = 5a^2,$$

所以，
$$x = \sqrt{10}\,a.$$

可见矩形的长恰为一排三个正方形所组成的矩形对角线 AB 之长. 由图形的对称性，易见图中十字形的一角顶点 P 与 A、B 恰是一等腰直角三角形的顶点，故 AB 的中点 Q 到 A、B、P 三点的距离都等于 $\dfrac{x}{2}$. 所以沿 AB、PQ 将十字形切开成三块，并将图中 I 与 II 这两块，分别移至 I' 与 II' 处，就可拼成一个长是宽两倍的矩形.

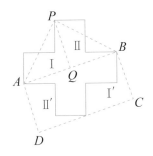

遗 产

  一农场主有一大片田地，它的形状是一平行四边形 $ABCD$，其中有一口井位于 O 点，农场主临死前的遗嘱是给大儿子两块三角形的田地 $\triangle AOB$ 和 $\triangle COD$，剩下的全部给小儿子．这口井作公有财产．如果 $AB > BC$，请问这样分公平吗？

  农场主的分配方案是十分公平的，两个儿子所得田地的面积相等．

  过 O 作 AB 的垂线，分别与 AB、CD 相交于 M、K，大儿子所得田地面积是：

$$S_{\triangle AOB}+S_{\triangle COD}=\frac{1}{2}AB\cdot OM+\frac{1}{2}CD\cdot OK\ (\because AB=CD)$$

$$=\frac{1}{2}AB（OM+OK）=\frac{1}{2}AB\cdot MK=\frac{1}{2}S_{\square ABCD}$$

  从而可知小儿子所得田地面积也是总面积的一半．

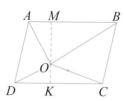

方城与旗杆

　　中国古代的城池大都是四四方方的，外面由护城河环绕，这种建制，显然很有利于防御外敌入侵．以此为背景，许多有趣的问题也就应运而生，下面就是一个著名的实例：

　　"有一方城，四边正中各开一道城门．距北门 20 步外有一旗杆，出南门南行 14 步，再转向西行 1775 步，刚好看到旗杆．求方城边长．"

　　题意可以用图表示，点 C 为北门，旗杆在点 A 处；k=20，l_1=14，l_2=1775，设 x 为方城的边长．从图上容易看出 $\triangle ABC$ 与 $\triangle ADE$ 相似，由于相似三角形的对应边成比例，于是可得出关系式：$\dfrac{AC}{AE}=\dfrac{BC}{DE}$，即

$$\frac{k}{k+x+l_1}=\frac{\frac{1}{2}x}{l_2}.$$

经整理后，即可得到一元二次方程

$$x^2+(k+l_1)\,x-2kl_2=0.$$

把 k=20，l_1=14，l_2=1775 代入后，便有

$$x^2+34x-71000=0,$$
$$(x+284)(x-250)=0,$$
$$x=250（步）.$$

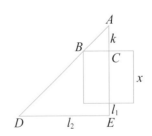

　　从本例的结果可以看出，数字是凑得很巧的，这也是中国古算的一大特色．本题已被苏联著名学者奇斯佳科夫编入其名著《古代初等数学名题集》中，各国引用者甚多．

婆罗摩笈多的蜡烛

在寺院大殿前面有一个宽广的庭院，中间供奉着一座祭坛，地上竖立着两根高度相等的旗杆，其上端与架在空中的天桥相齐．僧侣们为了祭祀神明，点燃一支巨大的蜡烛，使旗杆的影子映射在庭院地上．

设 h 为两根旗杆之高，a 和 b 为其影子长度，d 为旗杆之间的距离，求蜡烛的高度．

以 x 表示蜡烛高度，根据三角形相似关系，列出比例式

$$\frac{x+h}{x} = \frac{a+b+d}{d},$$

由此即可求出

$$x = \frac{dh}{a+b}.$$

婆罗摩笈多是印度古代的数学家、天文学家，他的著作有 20 卷，未完全保存下来．在第 12 卷中有些问题是与几何学有关的，本题即是其中之一．

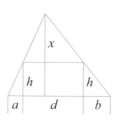

怎样测大象身长？

小王去动物园玩，看到大象很悠闲地站在那儿．他忽然联想到曹冲称象的故事，心想曹冲能称出大象的体重，我能不能量出大象的身长呢？

他眉头一皱，计上心来，从口袋里拿出两支铅笔，先手握短铅笔伸直胳膊，用眼睛瞄准铅笔两端正好看到大象的首尾．然后换握长铅笔，瞄准铅笔两端向前走了二十步，正好又看到大象的首尾．他量一量两支铅笔的长分别为 8cm 和 16cm，胳膊长为 40cm，每一步长 50cm，就很快算出大象身长为 4m．小花十分惊奇，问小王是怎么算出来的？

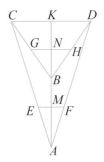

如示意图，假设小王开始立于 A 点，后来走到 B 点，大象身长为 CD，$AM=BN=40$cm 是胳膊长度，$EF=8$cm 是短铅笔长，$GH=16$cm 是长铅笔长，$AB=50×20=1000$cm．令 $BK=x$，

$$\because \triangle AEF \backsim \triangle ACD$$

$$\therefore \frac{40}{8} = \frac{1000+x}{CD};$$ ①

$$\because \triangle BGH \backsim \triangle BCD,$$

$$\therefore \frac{40}{16} = \frac{x}{CD}.$$ ②

①－②，得

$$\frac{40-20}{8} = \frac{1000+x-x}{CD},$$

$$CD= \frac{1000\times 8}{20}=400.$$

这种简易的测量方法，很有实用价值．战士们在战场上，在已知坦克车的身长时，可用类似方法测出敌人的坦克与战士之间的距离，可准确地用反坦克炮及时消灭敌人的坦克．

书本的长宽比是多少？

通常的书本长宽的比是多少？为什么？

对于这个问题，不少人也许误以为长、宽的比是黄金比，即 1:0.618，其实却是 $\sqrt{2}$．为什么呢？这是因为我们将纸张对切时，就把原长方形剖成两个小长方形，这样得到的小长方形纸叫"对开"．将"对开"的纸再一切为二，得到"4 开"的纸；再对切，得到"8 开"的纸……书本用的纸常是这样多次对切得到的，如说"16 开""32 开"的．我们希望各种书本的纸张大小可以不一样，但形状相似．这样，就要求一张纸对切之后所得的小长方形与原长形相似．于是

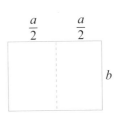

　　小长方形的长：大长方形的长 = 小长方形的宽：大长方形的宽，

但小长方形的长等于大长方形的宽，如设大长方形的长、宽分别为 a、b，那么小长方形的长、宽就是 b、$\dfrac{a}{2}$，所以

$$b : a = \frac{a}{2} : b, \quad b^2 = \frac{1}{2}a^2,$$

$$a : b = \sqrt{2}.$$

黄金三角形

　　黄金三角形是一种特殊的等腰三角形，它共有两类．顶角为 36° 的称为第一类，底角为 36° 的称为第二类（图1）．细心的读者将会发现，在使用圆规和直尺作圆内接正十边形时，此种图形已经出现．

　　德国天文学家开普勒曾称赞"黄金分割"是几何学的一件瑰宝，但其来历尚可追溯到古希腊的毕达哥拉斯学派，这个学派的成员都佩带五角星徽章，他们深信五角星的美学根源在于它的边互相分割为匀称的比例．在图2中我们容易看出，由于相似三角形的对应边成比例，而有 $AG : AJ = AJ : AC$，又因为 $AJ = GC$，于是 $AG : GC = GC : AC = k$. 这种比例叫做中外比，而把线段分成中外比的分割就叫做黄金分割．

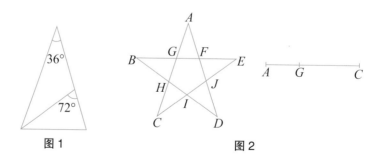

图1　　　　　　　　　　　　图2

　　中外比最先由希腊数学家欧多克斯提出并解决，欧几里得将它收入了他的《几何原本》，从古希腊直到近代，都有人认为这种比例在造型艺术中有美学价值，所以将它称为"黄金分割"．

对于长度为 a 的线段 AB，黄金分割比值可用简单的代数方法算出．

$$\begin{array}{ccc} & x & a-x \\ \overline{A \qquad\qquad M \quad B} \end{array}$$

由于

$$AM^2=AB \cdot MB, \ 即\ x^2=a\,(a-x),$$

$$x^2+ax-a^2=0,$$

$$x=\frac{\sqrt{5}-1}{2}a.$$

于是比值

$$k=\frac{\sqrt{5}-1}{2}\approx 0.618033.$$

华罗庚所推广的优选法——"0.618 法"是黄金分割的一种重要应用．

"黄金分割"与艺术有千丝万缕的关系，建筑设计中应用了它，造出来的房子就十分美观，例如古希腊的帕特农神庙；音乐作曲用了它，声音就格外悦耳动听；甚至人类和动、植物的体型也都和它有联系．

直尺的妙用

公园里有一个半圆形的草坪，隔着草坪有一个小卖部 P. 一个小孩在草坪的直径 AB 上玩，他手里有一根长绳子，他能不能在草坪的直径上找到一点是小卖部到直径的最近之点？

这一问题的实质是能否只用直尺画出一条到直径的垂线，并找到垂足.

如图，可以先以绳子连接 AP、BP，分别与半圆交于 C、D. 再以绳子连接 BC、AD，交于 H 点. 最后以绳子连接 PH 交直径 AB 于 E 点，则 $PE \perp AB$，E 为垂足.

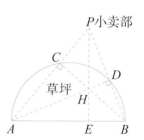

道理很明显，因为半圆上的圆周角是直角，所以 $AD \perp PB$，$BC \perp PA$. BC 与 AD 的交点 H 为 $\triangle ABP$ 的垂心，故 $PH \perp AB$. E 为垂足，就是 P 到 AB 的最近之点.

车速之谜

　　某人用相同的速度驾驶汽车从 A 地到 C 地用了 30 分钟；如果从 A 地出发，经 B 地再折向 C 地，则需 35 分钟；如从 A 地出发，先经 D 处再折向 C 地，这样要花 40 分钟. 又知 B、D 两处到 C 的距离都是 10 千米，且 $BC \perp CD$，如图所示. 问汽车速度是多少？（答案要精确到 0.001，并假设汽车时速在 100 千米以下）

　　本题最初载于 1939 年 9 月号美国《大众科学》，有一位爱动脑筋的读者为它绞尽脑汁达 37 年之久. 上海《科学画报》1980 年 11 月号上又把它作为"科学画报读者奖"的问题之一公布，不到两个月就收到十万余份解答. 最后获特等奖的 50 名读者中，有 15 岁和 16 岁的中学生.

　　设汽车每分钟行 v 千米，则 $AC=30v$，$AB=35v-10$，$AD=40v-10$. 令 $\angle ACB=\alpha$，$\angle ACD=\beta$.

$$\because BC \perp CD, \therefore \beta=90°-\alpha.$$

在 $\triangle ABC$ 中，有

$$\cos\alpha=\frac{(30v)^2+10^2-(35v-10)^2}{2\times30v\times10}=\frac{7-3.25v}{6},$$

在 $\triangle ADC$ 中，有

$$\cos\beta=\frac{(30v)^2+10^2-(40v-10)^2}{2\times30v\times10}=\frac{8-7v}{6}=\sin\alpha.$$

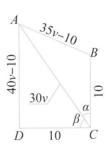

笔记栏　　故有

$$\left(\frac{8-7v}{6}\right)^2+\left(\frac{7-3.25v}{6}\right)^2=1,$$

$$59.5625v^2-157.5v+77=0,$$

$v_1=0.6474$ 千米 / 分 $=38.844$ 千米 / 小时，

$v_2=1.9969$ 千米 / 分 $=119.814$ 千米 / 小时.

所以，应取 $v_1=38.844$ 千米 / 小时为答案.

巧测地球的周长

怎样测量地球的周长？

这是古老的难题．当然，今天有了精密的测量仪器，它已不再是什么困难的问题了．公元前 240 年，古希腊的数学家埃拉托色尼已经应用巧妙的方法测算出地球的周长，与今天精密测量的结果十分接近．下面就来介绍他的方法．

埃拉托色尼于每年夏至中午观测太阳在埃及亚历山大港的标杆的影子，其入射角为 7.2°；同时在其东南面 500 英里（1 英里≈1.6 千米）处的赛伊尼（今阿斯旺），阳光恰好射到一个枯井的底部．如图，点 C 表示赛伊尼的枯井所在地，点 A 表示亚历山大港的标杆所在地，点 O 表示地球中心，则 $\angle AOC=7.2°$，$\overparen{AC}=500$ 英里．

设地球周长为 s，则

$$\frac{s}{500}=\frac{360}{7.2},$$

所以 $s=500\times50=25000$ 英里≈ 40232.5 千米．

此数据与地球实际周长十分接近．

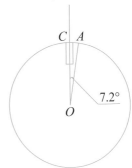

用牛皮圈出的土地

有一个迦太基大将汉尼拔和罗马人打仗的故事，西方人至今还是津津乐道．迦太基后来被罗马彻底毁灭．

专家们考证，建造这座伟大城市的是古代腓尼基的美丽公主狄多．她由于不满父母做主的包办婚姻，追求爱情生活的自主而私奔，逃到了地中海彼岸——古代非洲北部．

传说，为了谋生，她托人同当地部落的酋长谈判，打算在海边购买一块土地．但是贪婪的酋长索要高价，而且只肯售出一块用一张公牛皮所能围住的土地，公主的侍从们都非常气愤，劝她不要做这笔买卖．不料公主成竹在胸，二话没说，马上拍板成交．

公主把一张公牛皮切成细条，然后用这些细条结成一根很长的绳子，把它弯成半圆形状，在南边围出了一块面积很大的土地（北部背靠地中海，可以利用海岸线作为天然疆界）．酋长看了十分肉痛，然而话已说出口，"一言既出，驷马难追"，他也不好反悔．

后来这块土地日益兴旺发达，终于发展成海上重镇——迦太基．

像以上这类当边界的长度给定时，寻求最大面积的平面图形的问题，称为"等周问题"．可以证明，周长一定的平面图形中，圆的面积最大．推广到空间的情形，在表面积一定的封闭曲面中，以球面围成的立体，即球的体积最大．上述结论在日常生活和生产实际中十分有用．等周问题也是数学研究中的一个著名问题．

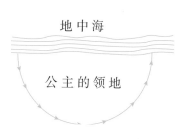

地中海

公主的领地

转了几圈?

　　在桌子上紧挨着放置两枚同样大小的硬币.其中一枚固定不动,另一枚沿着定币的外缘作无滑动的滚动.当动币绕着定币滚动一周之后,动币自转了几圈?

　　不少人以为自转了一圈,而事实上是两圈.不信,可以动手实验一下.

　　为什么是自转两圈而不是一圈呢?不少人即使面对实验结果仍想不通.让我们来分析一下.

　　设一个圆半径为 R.当该圆沿一条直线滚动 $2\pi R$ 长时,圆自转 1 圈.这一点是谁也不会怀疑的.

　　但是,将上面所说的等于 $2\pi R$ 长的线段折过 $a°$,动圆沿这条折线滚动时,情况就不一样了.动圆从折线的一端 A 滚到另一端 B 时,动圆转了 1 圈多 $\frac{\alpha}{360}$ 圈.

　　同样地,如果把长为 $2\pi R$ 的线段折成一个多边形,动圆沿这多边形的外周滚动时,从多边形上的某点 A 开始,回到 A 点止,动圆转了 1 圈加上外角和 $(a_1+a_2+\cdots+a_n)$ 与 360° 之比这样多的圈数.而多边形外角的和总是 360°,所以,动圆转了 1 圈加 1 圈,即 2 圈.

　　这是一个古老的问题.苏联科普作家别莱利曼在《趣味几何学》中已有论述.1967 年,科普杂志《科学美国人》对此题曾再次提出讨论.

分配膏药

　　有一天，日本仙台市藤野先生的诊所里来了五位病人，藤野先生一看，认为毛病不大，只要分别在患处贴上一种特制膏药．无奈这种膏药用得只剩一张了，但藤野先生认为这不碍事，因为它是家传秘方，十分灵验，对于小毛病，只用一小部分就足够了．

　　这张膏药是正方形的，为了表示对五位就诊者不分彼此，一视同仁，他必须设法把大膏药分拼成五张一样大小的正方形．为了拼合容易，当然不能把大膏药剪得太碎，而且剪出的形状要力求简单、对称．

　　只见藤野先生眉头一皱，计上心头．他用剪刀只剪了四下，便干净利落地解决了问题．你知道他是怎么剪的吗？

　　他的办法是把正方形每边的中点分别与正方形的顶点相连，画出四条线，把正方形分作九块（如图），中间一块就是一个小正方形，四周八块按一大一小搭配，正好能拼成四个小正方形，其中每一个的面积都与中间一块一样大．

38

三个拼成一个

　　将两个同样大小的正方形分拼成一个正方形是不难解决的，那么，你会不会将三个同样大小的正方形分拼成一个大正方形呢？

　　可以先将三个正方形中的两个沿对角线剖开（图1），然后拼成图2状．最后，如图3，将灰色的四个三角形割下，补到黑块上去，就得到一个大正方形了．为什么可以将阴影三角形割下补到黑块上去呢？这是因为 $DG/\!/AE$，$AEDG$ 是平行四边形，所以对角线 AD、EG 互相平分，即

$$EF=FG，AF=FD,$$

于是 $$\triangle AEF \cong \triangle FGD.$$

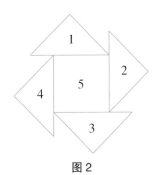

图2

图1

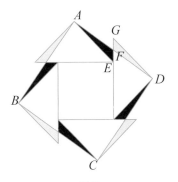

图3

　　这个剖分法是公元 10 世纪时的阿拉伯数学家艾布·维法发现的．

笔记栏

刻度尺测铜丝直径

铜丝很细，远小于刻度尺的刻度，如果只有一把刻度尺作为量具，能否测出铜丝的直径？

只要另找一支铅笔或棒，将铜丝缠绕在铅笔上，使铜丝紧紧地排起来，例如绕上 100 圈．然后，用刻度尺量出 100 根紧排着的铜丝的宽度．接下去将量得的数据除以 100，就得出一根铜丝的直径了．

这种测量方法可称为"以大测小"．在日常生活及实际工作中是很有用的．

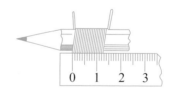

不正确的"地积公式"

20 世纪 40 年代以前，有些地方用两组对边中点连线长度的乘积来算一般四边形地块的面积. 你认为这个地积公式是不是正确？

其实，这个公式是不正确的. 如图，我们可以将一般四边形用对边中点的连线割成 A、B、C、D 四块. 然后，通过旋转变换，将 A、B、C、D 四块等积变形成为一个平行四边形.

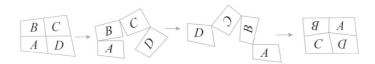

这个平行四边形的两条邻边正巧是原四边形的两组对边中点的连线. 可见原四边形对边中点连线的乘积，就是平行四边形两邻边的乘积. 而平行四边形的面积小于两邻边的乘积，所以，原四边形两边中点连线的乘积大于原四边形的面积.

实际上，四边形的真正面积≤两组对边中点连线长度的乘积.

巧算圆环面积

有一圆环形零件,如何测量它的面积?规定只许度量零件上某一线段的长度.

一般量法都是测量圆环的外径和内径,但这里只许量某一线段的长度,那么应量哪一条线段呢?

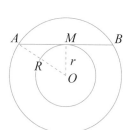

如图,在圆环内作内圆的切线与外圆相交于 A、B 两点,测量线段 AB 之长 d,就不难算出圆环的面积.方法如下:

设圆环中心 O 在 AB 上的射影为 M,内、外圆半径分别为 r、R,则由 $AM=BM$,可得

$$AM=\frac{d}{2},$$

又由 $AM^2=R^2-r^2$,有

$$\pi\left(\frac{d}{2}\right)^2=\pi\left(R^2-r^2\right),$$

所以,圆环面积为

$$S=\pi\left(R^2-r^2\right)=\pi\left(\frac{d}{2}\right)^2=\frac{\pi}{4}d^2.$$

即等于以 AB 为直径的圆面积.

小圆覆盖大圆

一个半径为 r 的圆用一些半径为 $\frac{1}{2}r$ 的圆去覆盖，至少要用几个小圆才能将大圆盖住？怎么盖？

圆内接正六边形的边长等于圆的直径，所以一个小圆最多只能盖住大圆周的 1/6，六个小圆才能盖住大圆的圆周，但此时大圆的圆心必定没有盖住. 如果用 1 个小圆盖住大圆的圆心，那么这个小圆不可能盖住 1/6 的大圆周（最多只能盖住大圆周上的一点），这样，其余 5 个小圆必定盖不住大圆周. 所以，6 个小圆是不能盖住大圆的，而用如图的方法，7 个小圆就可盖住大圆了.

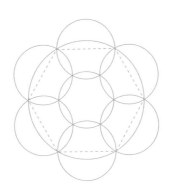

国际象棋盘上的圆

  如果国际象棋盘上每个小方格的边长都是 1，请你在棋盘上画一个圆，使整个圆周都在黑格子里，并且半径达到最大．问该怎样画？它的半径是多少？

  由于圆是个对称图形，为了使画在棋盘上的圆的整个圆周都在黑格内，该取黑（或白）格的对称中心为圆心．若取白格中心为圆心，用尝试法可知，符合要求的最大圆的半径为 $\dfrac{\sqrt{2}}{2}$；若取黑格中心为圆心，可知如图所示的圆是符合要求的最大圆，它的半径等于 $\dfrac{\sqrt{10}}{2}$．

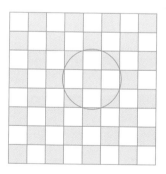

月形定理

两个月牙形的面积之和能否等于一个直角三角形的面积？

公元前 5 世纪，古希腊医师希波克拉底曾提出一个定理："如果用直角三角形的斜边和直角边为直径，分别作半圆，则以斜边为直径所作的半圆弧与直角边为直径所作的半圆弧之间的两个月牙形面积之和等于直角三角形的面积."

设直角三角形中，c 为斜边，a、b 为直角边. 按上文所说述作出月牙形 S_1 和 S_2，则由勾股弦定理得

$$\frac{\pi}{2}\left(\frac{a}{2}\right)^2 + \frac{\pi}{2}\left(\frac{b}{2}\right)^2 = \frac{\pi}{2}\left(\frac{c}{2}\right)^2.$$

也就是说，直角边 a、b 上的半圆面积之和等于斜边 c 上的半圆面积.

现在以 Q_1 和 Q_2 表示 a、b 上的弓形面积（即图上的白色部分），并在上述等式的两端同时减去 Q_1+Q_2，于是马上得出：两月牙形的面积之和 S_1+S_2 等于直角三角形的面积.

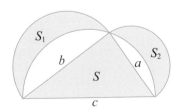

分圆问题

不准用直尺，单用圆规将给定圆的圆周分成四等份．

在圆周上任取一点 A，从它出发，以此圆的半径 r 顺次截取 B、C、D 三点，即

$$AB=BC=CD=r.$$

现在显然 AD 就是圆的直径，而 AC 便是圆内接正三角形的一边，故 $AC=\sqrt{3}\,r$．

接着，分别以 A 和 D 为中心、AC 之长为半径画两段圆弧，两弧相交于 M 点．

线段 OM 即为所求之圆规开度．从圆周上任一点出发，相继截取之，即可把圆周分成相等的四份．

道理是显而易见的，因为 $\triangle OMA$ 是直角三角形，

所以 $OM=\sqrt{(AM)^2-(AO)^2}=\sqrt{3r^2-r^2}=\sqrt{2}\,r$，

就等于圆内接正四边形的边长．

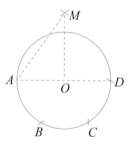

正多边形铺地

用同样大小的正多边形铺地，正巧将地面没有重叠、没有遗漏地铺满．这种正多边形有几种？它们分别是哪几种？

满足上述要求的正多边形，它的若干个顶角一定能凑成 360°，而正 n 边形的内角等于 $\dfrac{(n-2)\cdot 180°}{n}$，所以

$$360 \div \dfrac{(n-2)\cdot 180°}{n} = \dfrac{2n}{(n-2)}$$

应是一个正整数．我们可以分以下几种情况，分别来讨论．

（1）如果 n 为奇数，则 $n-2$ 仍是奇数．

① 当分母 $n-2=1$ 时，$\dfrac{2n}{n-2}$ 总是正整数，此时 $n=3$；

② 当分母 $n-2 \geq 3$ 时，因 $n-2$ 为奇数，要使 $2n$ 能被 $n-2$ 整除，只有 n 能被 $n-2$ 整除才行；而 $n=(n-2)+2$ 前项（$n-2$）是（$n-2$）的 1 倍，后项 2 是不可能被奇数 $n-2$ 整除的，所以 n 不可能被 $n-2$ 整除．

（2）如果 n 为偶数，$n-2$ 也必定是偶数．不妨设 $n=2k$，则 $n-2=2(k-1)$，

$$\dfrac{2n}{n-2} = \dfrac{2k}{k-1}.$$

① 当分母 $k-1=1$ 时，$\dfrac{2k}{k-1}$ 总是正整数，此时，$k=2$，$n=4$；

② 当分母 $k-1=2$ 时，$\dfrac{2k}{k-1}$ 是正整数，此时 $k=3$，$n=6$；

笔记栏

③ 当分母 $k-1 \geq 3$ 时，分子 $2k=2（k-1）+2$ 的前项是 $k-1$ 的整数倍，后项 2 不可能是 $k-1$（≥ 3）的整数倍，所以分子 $2k$ 不可能被 $k-1$ 整除.

综上所述，只有 $n=3$，$n=4$，$n=6$，即正三角形、正方形、正六边形这三种正多边形才能铺满地面（如图）.

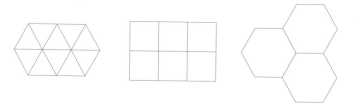

相传，这一命题最早是由古希腊毕达哥拉斯学派研究得到的.

如果用几种不同的正多边形来铺满地面，并且要求每个顶点都是同样数目的一些同样形状的多边形的公共点，那么我们就能得到一些美丽的均匀镶嵌图案. 因为一个正 n 边形的每个角等于 $\left(\dfrac{1}{2}-\dfrac{1}{n}\right) \cdot 360°$，所以要作出均匀的镶嵌图案，就必须找出一些正整数 n、p、q…使它们满足下列等式：

$$\left(\frac{1}{2}-\frac{1}{n}\right)+\left(\frac{1}{2}-\frac{1}{p}\right)+\left(\frac{1}{2}-\frac{1}{q}\right)+\cdots=1.$$

由这个式子可以得出 17 组不同的解，也就是 17 种不同的图案，但只有 11 种能扩展到整个平面而不会互相重叠.

"独轮手推车"

人们从浴室里铺设瓷砖等生活实践中得知，用正三角形、正方形和正六边形是能够得出美丽的镶嵌图案的．对此，应用数学家们也进行了充分的探索和论证．

这个迷人的课题有许多有趣的实例，"独轮手推车"便是一个相当突出的实例．它是英国牛津大学教授、广义逆矩阵的奠基者彭罗斯研究出来的．

这种"独轮手推车"是由 18 个正三角形（下图）构成的图形．它不是一个通常的凸多边形，而是凹进凸出，其形状相当不规则．

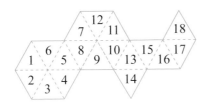

然而，出人意料的是，若把这样的图形作为"瓷砖"，将此种"基本模块"在平面上全面铺开，可密合成整个平面．

剪五角星

你会不会一刀剪出一个五角星？

你可以这样做：先将一张纸对折（图1），然后，过折缝中点 O，将纸折成图2状，使 $\angle\beta$ 大致等于 $\angle\alpha$ 的2倍．接着，过 O 再折纸，使 $\angle\beta$ 被一折为二（图3）．再将 $\angle\alpha$ 部分反折到后面去（图4）．最后，沿图5中的 BA 剪一刀，把上面虚线部分去掉；其中 OB 大致上等于 OA 的3倍．于是就得到一个五角星（图6）．

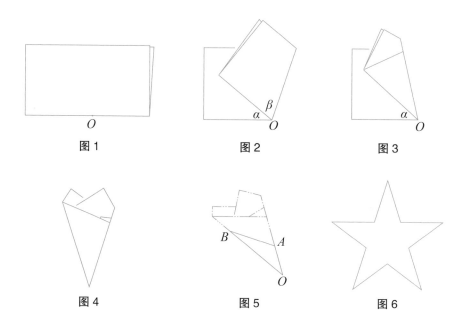

图1　　　　　图2　　　　　图3

图4　　　　　图5　　　　　图6

折正五边形

给你一张长方形纸条，能不能折出一个正五边形来？

图 1 所示的就是折正五边形的方法．

图 1

为什么这样折出来的图形是正五边形呢？我们可以通过证明图 2 中的五个三角形 $\triangle ABC$、$\triangle BCD$、$\triangle CDE$、$\triangle DEA$、$\triangle EAB$ 是全等三角形，来证实它的五条边及五个角相等．

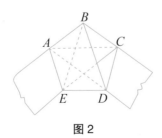

图 2

折纸本是一种游戏，可是，它能联系上平面几何中的不少命题．

斯坦纳－莱默斯定理

"如果三角形中两条内角平分线相等，则必为等腰三角形．"

这一命题的逆命题："等腰三角形两底角的平分线长度相等"，早在两千多年前的《几何原本》中就已作为定理，证明是很容易的．但上述命题在《几何原本》中只字未提，直到 1840 年，莱默斯才在他给斯图姆的信中提出请求给出一个纯几何证明．斯图姆没有解决，就向许多数学家提出这一问题．首先给出证明的是瑞士几何学家斯坦纳，因而这一定理就称为斯坦纳－莱默斯定理．

继斯坦纳之后，这一定理的丰富多采的证明陆续发表，但大多是间接证法，直接证法难度颇大．多年来，吸引了许多数学家和数学爱好者．经过大家的努力，出现了许多构思巧妙的直接证法．下面给出德国数学家的一种证法，供读者欣赏．

如图，已知△ABC 中，两底角的平分线 BD=CE，求证：AB=AC.

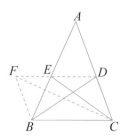

证：作 ∠BDF=∠BCE，并取 DF=BC，使 F 与 C 分别居于直线 BD 的两侧，如图所示．连接 BF，由已知 BD=CE，所以△BDF ≌△ECB.

连接 CF，设 $\angle ABC=2\beta$，$\angle ACB=2\gamma$，则

$$\angle FBC=\angle FBD+\beta=\angle BEC+\beta=(180°-2\beta-\gamma)+\beta=180°-(\beta+\gamma),$$

$$\angle CDF=\angle CDB+\angle BDF=\angle CDB+\angle BCE=(180°-\beta-2\gamma)+\gamma=180°-(\beta+\gamma).$$

因为 $2\beta+2\gamma<180°$，所以 $\beta+\gamma<90°$，$\angle FBC=\angle CDF=180°-(\beta+\gamma)>90°$。
在钝角 $\triangle FBC$ 与 $\triangle CDF$ 中，$BC=DF$，$CF=FC$，所以 $\triangle FBC \cong \triangle CDF$，$BF=CD$，即 $BE=CD$。于是有 $\triangle BCD \cong \triangle CBE$，$\angle EBC=\angle DCB$。所以 $AB=AC$。

托里拆利点

已知△ABC，求一点 P，使它到三角形各顶点的距离之和 PA+PB+PC 最短．

如果△ABC 有一个角大于或等于120°，那么，可以证明 P 点应与该角顶点重合．

如果△ABC 每一个内角都小于120°，那么，P 点在对两顶点的张角都是120°处．这个位置可以这样确定：分别以 AB、AC、BC 为一边，向△ABC 外作正三角形△ABM、△ACN、△BCQ，再分别作它们的外接圆，这三个圆必交于一点（记作 P），可以证明 P 点到△ABC 各顶点的距离之和最短．

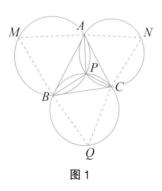

图1

此问题还可以通过皂膜实验得到，实验可这样进行：按比例把△ABC 画在一块木板上，在点 A、B、C 处钉上钉子，上面再覆一块透明的玻璃板，并使它们联结成一个整体．再将这一整体浸入肥皂水中，拉出来，三个钉子间就形成了一个肥皂膜（图2）．

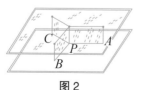

图2

这个问题是17世纪法国数学家费马向意大利物理学家托里拆利提出来的，托里拆利用好几种方法解决了这一问题．

拿破仑三角形

任意三角形必然有一个正三角形与之相关，你信不信？

以 $\triangle ABC$ 的三边分别向形外作正 $\triangle ABC'$，$\triangle BCA'$，$\triangle CAB'$，再分别作这三个正三角形的外接圆，设它们的圆心是 O_1、O_2、O_3，则 $\triangle O_1O_2O_3$ 一定是正三角形.

这个图形很不寻常，如果我们连结 AA'、BB'、CC'，则还有以下一系列奇妙性质：

（1）$AA'=BB'=CC'$；

（2）直线 AA'、BB'、CC' 相交于一点 F；

（3）三个外接圆也相交于一点，此点也是 F.

让我们说明一下证法要点.

设 $\overset{\frown}{AB}$ 和 $\overset{\frown}{AC}$ 交于一点 F（此点即有名的托里拆利点），则有三种情形：①如图1，$\angle AFB=\angle AFC=120°$，因此 $\angle BFC=120°$，说明 F 在 $\overset{\frown}{BC}$ 上；②如图2，$\angle BAC=120°$，F 同 A 点重合，而 $\overset{\frown}{BC}$ 过 A 点；③如图3，$\angle BAC>120°$，$\angle AFB=\angle AFC=60°$，因此也有 $\angle BFC=120°$. 如果这三个圆相交于一点 F，则在情形①（情形②与③大同小异）时，$\angle AFB=\angle BFC=\angle CFA=120°$. 于是 $\angle AFA'=\angle AFB+\angle BFA'=120°+60°=180°$，说明直线

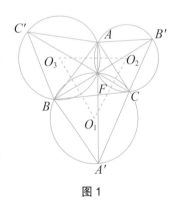

图1

55

笔记栏

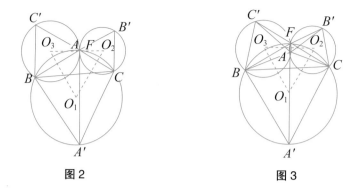

图2 　　　　　　　　　　　　图3

AA' 通过 F 点. 类似地可证明 BB'、CC' 也通过 F 点. 又因相交两圆的连心线必垂直于公共弦，从而可推出 $\triangle O_1O_2O_3$ 为正三角形. 据说，这个正三角形是法国皇帝拿破仑一世发现的，后人称之为拿破仑三角形.

洞渊九容术

中国古算书《九章算术》里有一道题目："今有勾八步，股十五步，问勾中容圆径几何."答曰"六步."怎么算出的呢？书中又有术曰："八步为勾，十五步为股，为之求弦，三位并之为法，以勾乘股，倍之为实，实如法得径."

如图，用现代的数学语言，以 d 表示内切圆直径，那么上述算法告诉我们，先由勾、股之长求出弦，即 $c=\sqrt{a^2+b^2}=\sqrt{8^2+15^2}=17$；然后由公式 $d=\dfrac{2ab}{a+b+c}$ 来求内切圆直径. 把数据代入，即可算得 $d=\dfrac{2\times(8\times15)}{8+15+17}=6$.

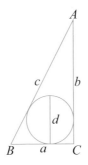

此外，我们还可以通过一个很简便的表达式 $d=a+b-c$ 来求得 d，最后都可归结为勾股定理 $a^2+b^2=c^2$. 后一形式首见于元朝数学家李冶的《测圆海镜》一书.

　　李冶原在金朝做官，后来元兵大举伐金，他就弃官隐居于崞山：遇到一位隐士，名叫洞渊老人，传授他"九容术"．于是他终日埋头研究，剖析了各种内切圆与旁切圆问题，错综复杂，极其奥妙．

　　李冶的《测圆海镜》共有170题，堪称相似三角形与容圆问题的大观，统称"九容"．九容是一种提纲挈领的说法，它是指勾外、股外及弦外容圆（即旁切圆），勾股上容圆（即以一顶点为圆心而切于对边的圆）等九种情况．难怪清代大学者阮元称《测圆海镜》为"中土数学之宝书"了．

莱洛三角形

工人们在搬动机器时，常在机器下面放一块板，板下放几根圆棍或圆管．这样推机器前进，既省力又平稳．是不是只有圆棍、圆管才可以起到这个作用呢？

不是的．如图 2 所示的图形叫莱洛三角形，要画出它并不困难．先画一个正三角形 ABC，分别以 A、B、C 为圆心，以 AB 为半径作弧就可以了．用截面为莱洛三角形的棍子来代替圆棍，推动机器时，同样能平稳地前进．这是什么道理呢？

图 1

如图 3 所示，莱洛三角形为定宽曲线．圆棍之所以可以用来平稳地搬重物，就是因为圆是定宽曲线．反过来，只要是以定宽曲线为截面的棍子，都可以用来代替圆棍、圆管．

图 2

莱洛三角形是机械学家莱洛首先研究出来的．它在机械领域中很有用．

图 3

四个正三角形

只用六根火柴棒，能搭出四个正三角形吗？

这是个简单而有趣的问题．许多人觉得为难，搭一个正三角形就要三根火柴棒，六根火柴棒搭三个正三角形都不行，怎么能搭出四个来呢？但如果让目光离开桌面（平面），向空间上思考，问题就可迎刃而解：只要将六根火柴棒搭成如图所示的正四面体就可以了．

有了这个启示，再看这个问题也就不会觉得难了．"怎样用九根火柴棒搭出三个正方形和两个正三角形？"快来想一想吧！

倒定影液

在扁扁的长方体盘子里装满了印照片用的定影液.

由于今天要印的照片不多，师傅叫小徒弟将盘中的定影液倒出5/6，留下1/6.

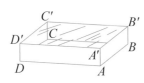 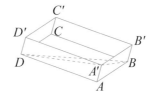

因为没有任何量具，小徒弟感到很为难.

这时师傅来了，将盘侧倾，药液慢慢流出，当药液表面正好过 A'、B、D 三点时，药液就倒出了 5/6，留下的是 1/6.

容易看出，此时药液呈三棱锥状，底为 $\triangle ABD$，高为 AA'. 而

$$S_{\triangle ABD} = \frac{1}{2} S_{\square ABCD},$$

$$\therefore V_{A'-ABD} = \frac{1}{3} \cdot S_{\triangle ABD} \cdot AA'$$

$$= \frac{1}{6} \cdot S_{\triangle ABCD} \cdot AA'$$

$$= \frac{1}{6} V_{A'B'C'D'-ABCD}.$$

尺测瓶积

能否用一把尺测出如图已盛有一部分水的瓶子的容积？

图中这个瓶，下半部呈圆柱状，盛水部分显然是一个圆柱体，因此在测瓶子容积时，可以先测量出瓶子里所盛水的体积. 用刻度尺量出瓶底圆的直径 d 和水的高 h，盛水部分的体积是 $\pi\left(\dfrac{d}{2}\right)^2 \times h$.

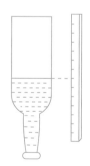

问题是水面以上的空腔的容积怎么算？瓶颈以上是不规则的几何体，没有现成的公式可以计算其容积. 如果我们把瓶子倒过来放置，问题就豁然开朗了. 此时，水集中到下面的瓶颈和一部圆柱瓶里，上面的空腔又呈圆柱状. 只要量出空腔圆柱的高 h'，仍用底面积乘高的计算方法，不难求出空腔的容积为 $\pi\left(\dfrac{d}{2}\right)^2 \times h'$.

这样，瓶内水的体积加上空腔的容积，就得到整个瓶子的容积.

牟合方盖

有两个圆柱体，它们的底面半径都等于 1. 当这两个圆柱体相互贯穿且它们的中心轴相交时（如图 1），它们相互贯穿的部分称为"牟合方盖"，因为它的形状就好像上下对称的两顶方伞. 试问它的体积是多少？

图 1

这种立体超出了中学所研究的几何体的范围，用中学的常规方法是难以解决的.

我们设想在相贯体中放进一个半径为 1 的球，使球心正好落在圆柱两轴的交点上.

再设想用过两轴的平面去截这个相贯体，截面如图 2 的示意图所示，相贯体被截出一个正方形，内有一个内切圆；它们的面积分别是 4 和 π. 再将上述截面作平行移动，相贯体被新的平面截出的仍是正方形（只是小一些），内有一个内切圆，不难知道，它们的面积比是 4：π.

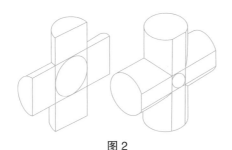

图 2

每一个这样的平面去截相贯体和球时，所得截面的面积比都是 $4 : \pi$，于是可以推出相贯体与球体积之比也是 $4 : \pi$. 而球体积为 $\frac{4}{3}\pi$，所以相贯体体积为 $\frac{16}{3}$.

这个算法的依据是公元 5 世纪祖冲之的儿子祖暅提出的"祖暅公理"——"缘幂势既同，则积不容异"，也就是说，等高处截面积都相等的立体，它们的体积一定相等. 祖暅公理中已包含着微积分的思想，而西方直至 1635 年才由意大利数学家卡瓦列里发现此原理. 其实，比祖暅更早的魏晋数学家刘徽（公元 3 世纪）对这个相贯体就深有研究，"牟合方盖"这个名称就是他提出的.

切年糕

过年了，奶奶蒸了一块立方体状的大年糕．现在，要将这块年糕切成 27 块小立方体，分给大家庭里的每一个人．通常，要切六刀（平行于水平面切两刀，平行于前、后面切两刀，平行于左、右面切两刀）．

在切东西的时候，人们常常先切一刀，然后，把切开的两部分适当叠合，再切第二刀．这样常常可以减少刀切的次数，而达到同样的目的．对上述切年糕问题，能不能通过这种叠合的方法，只切五刀或更少的次数来达到目的？

这是不可能的．中心部分的小立方体与其他 26 个小立方体不同，它没有一个面是"现成"的，都必须用刀切出来；而它有 6 个面，至少要六刀才能将它切成．所以，不能用五刀或更少的刀数来达到目的．

本题思考方式很妙．日本数学家矢野健太郎在解出本题并将它介绍给日本读者时，不由得吟了一首小诗，以表赞赏．

有几个暴露面？

　　给出一个正三棱锥和一个正四棱锥，不但它们各自的棱相等，而且正三棱锥的棱与正四棱锥的棱也相等，如果把它们的一个侧面粘在一起，构成一个立体，这个立体有几个面？

　　粗粗一想，正三棱锥有 4 个面，正四棱锥有 5 个面，粘合一个面之后，还有 7 个暴露面，其实这是不正确的．因为粘合后原正三棱锥的一个面（即图中的 SBC）与原正四棱锥的一个面（即图中的 S'EF）拼成一个面．图中的正三棱锥 S–ABC，可以看成有一条公共棱 ED（CA）重合的两个正四棱锥 S'–DEFG 与 B–HICA 的两顶点 S'、B 连线与侧棱 S'A、S'C、BA、BC、AC 构成的几何体，可见 S'DG 与 SAB 也在一个平面上，所以一共只有五个暴露面．

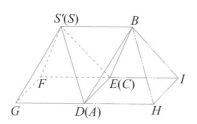

蜘蛛捉苍蝇

在一间屋子里靠近天花板的墙角附近有一只蜘蛛，而在对面接近地面的另一墙角处有一只苍蝇. 屋子的长、宽、高，苍蝇和蜘蛛的位置皆为已知. 苍蝇轻敌麻痹，根本不打算逃跑. 试求蜘蛛捉住苍蝇的最短路程.

设屋子的长、宽、高分别等于 7m、6m、4m，蜘蛛和苍蝇的位置见图 1 的示意图（M 代表苍蝇，P 表示蜘蛛）.

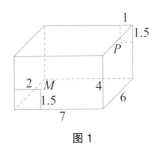

图 1

将屋子展开为平面示意图（如图 2），然后用直线连接蜘蛛和苍蝇所在的两个已知点. 显然，按展开方式的不同共有三条路径：沿三面墙（有两条路径 P_1M 与 P_3M）；沿天花板和两面墙，或者沿地板和两面墙，但由于蜘蛛到天花板的距离与苍蝇至地板的距离相等，故这两条路径等长，在图 2 中只画出其中的一条路径 P_2M.

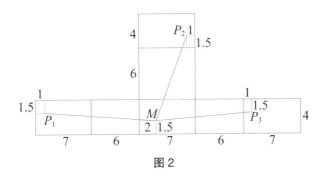

图 2

根据勾股定理，容易算出

$$P_1M= \sqrt{197}\ \text{m}, \quad P_2M= \sqrt{116}\ \text{m}, \quad P_3M= \sqrt{145}\ \text{m}.$$

可见最短路径是 P_2M 这一条.

通用的瓶塞

有一个人，收藏了三个古怪的瓶子，它们的瓶口形状分别如图1中的（a）（b）（c）. 现在他想做一只瓶塞，对三个瓶子都适用，这能做到吗？如能做到，请设计.

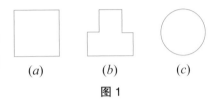

(a)　(b)　(c)

图1

可以先找一块立方体，其大小正巧与瓶口（a）相配. 然后，将它削去左上方和右上方的部分，使它与瓶口（b）相配. 最后，再削圆，可与瓶口（c）相配，见图2. 最后得到的立体就是通用的瓶塞.

正面看，它的形状与瓶口（b）一致；上面看，它的形状又与瓶口（c）一样；左面看，它的形状可以与瓶口（a）相符. 它真是一个奇妙的瓶塞.

本题与三视图知识有关. 简单地说，三视图就是从正面、上面、左面看立体所得的图形. 本题所述瓶塞的三视图如图3. 工程制图中，广泛利用三视图来表示机械零件的形状.

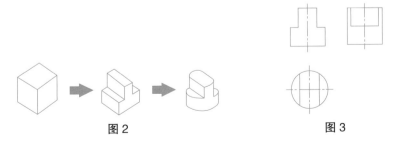

图2　　　　　　　　图3

69

倍立方问题

把已知立方体体积扩大一倍，这就是倍立方问题．

设已知立方体的棱长为 a，所求立方体的棱长为 x，要求 $x^3=2a^3$．不妨取 $a=1$，则 $x=\sqrt[3]{2}$．

相传在古希腊时，作图工具有无刻度的直尺与圆规，它们的作用是：

（1）通过两点作直线；（2）确定两已知直线的交点；（3）以已知点为圆心、已知线段为半径，可以画圆；（4）确定已知直线与已知圆的交点；（5）确定两已知圆的交点（如果它们有公共点）．

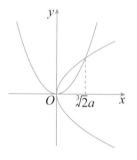

用尺规作图 $\sqrt[3]{2}$ 是作不出来的，所以倍立方问题是古希腊所谓几何三大难题之一．1837 年，法国数学家旺策尔首先严格证明了倍立方问题与三等分角问题是尺规作图所不能解决的问题．

其实，如果允许用其他工具或曲线，倍立方问题的解法是很多的．

设已知立方体的棱长为 a，作出 a 与 $2a$ 的两个比例中项 x、y，使

$a:x=x:y=y:2a$；从而有 $x^2=ay$，$y^2=2ax$．消去 y，得 $x^3=2a^3$．

所以，两条抛物线 $x^2=ay$ 和 $y^2=2ax$ 的交点的横坐标 x，就是棱长为 a 的立方体的体积两倍的立方体的棱长．这是古希腊数学家米奈克穆斯给出的解法．

三等分角

求作任意角的三等分线.

学过几何的人大都会二等分任意角，以及线段的任意等分，因而认为三等分一个角也不是什么困难的事. 但是如果只限用无刻度直尺和圆规，成千上万的人都失败了. 尽管许多人自称找到了解法，可惜都是错的. 1837 年法国数学家旺策尔证明了三等分角是尺规作图（无刻度直尺与圆规）不能解决的问题，想用尺规作图去解这个著名的古希腊几何难题是不可能的.

如果不限于使用尺规，三等分角的方法是很多的. 不知谁发明了一种有趣的机械装置，叫做"战斧"，其构造如图.

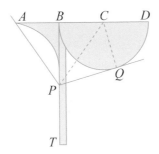

线段 AD 的三等分点为 B、C，以 C 为中心、$CD=BC$ 为半径作半圆，过 B 点作半圆的切线 BT. 将要三等分的角顶 P 沿 BT 上滑动，使其一边过 A 点，另一边与半圆相切于点 Q，则 PB、PC 三等分 $\angle APQ$.

从图形上易证 $\triangle ABP \cong \triangle CBP \cong \triangle CQP$，所以 $\angle APB = \angle BPC = \angle CPQ$.

化圆为方

求作一正方形使其面积等于已知圆，叫做化圆为方．

这是一个很古老的问题．远在公元前 1800 年，古埃及人就取圆直径的 $\frac{8}{9}$ 作为正方形的边长来近似地解决化圆为方问题．1882 年德国数学家林德曼证明了 π 是超越数（不可能是任何代数方程的根），从而证明了"化圆为方"也是尺规作图不可能问题．如果不局限于尺规作图，它的解法也是很多的．

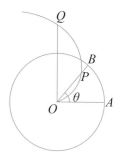

据说阿基米德确实曾用他发明的阿基米德螺线解决了这一问题．当射线绕端点作匀速转动时，沿着该射线作匀速直线运动的点 P 的轨迹叫做阿基米德螺线．按此定义，螺线上任意一点 P 与射线端点 O 的距离 $OP=vt$，其中 v 是点 P 沿射线运动的速度，t 为运动的时间；射线的初始位置为 OA，转过的角 $\theta=\omega t$，其中 ω 为射线转动的角速度（单位时间内转过的角的大小），t 为运动经过的时间，所以 $OP : \theta=v : \omega$，记 $v : \omega=a$，则 $OP=a\theta$．可见 OP 与 θ 成正比．按此可以画出阿基米德螺线如图所示．

设已知圆半径为 a，按 $OP=a\theta$ 画出阿基米德螺线．过 O 点作 $OQ \perp OA$，交阿基米德螺线于 Q 点，则 $OQ=a \cdot \dfrac{\pi}{2}$，圆面积 $\pi a^2=2a \cdot \left(\dfrac{\pi}{2}a\right)=2a \cdot OQ$．作 $2a$ 与 OQ 的比例中项 x，则 $2a : x=x : OQ$，即 $x^2=2a \cdot OQ=\pi a^2$．因此，以 x 为边长的正方形的面积与圆面积 πa^2 相等．

直尺作图

已知两条相交直线，但交点在敌方"禁区"内，不可到达，又已知一个定点 P，不在这两条直线上（如图 1）. 要求作出潜在的交点与定点的连线. 作图工具只准使用没有刻度的直尺.

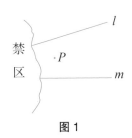

图 1

解决这个有趣而深刻的问题通常有两种妙法，其前提是射影几何学中的两个著名定理.

第一法需用笛沙格定理：两个三角形对应边的交点如果共线（透视轴），则对应顶点的连线亦必共点（透视中心），其逆定理也成立.

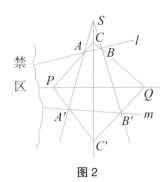

图 2

我们把 l 和 m 看作三角形一对对应边所在的直线，待求直线看作透视轴. 任选不在 l 和 m 上，而且不是 P 点的另一点 S 作为透视中心. 过 S 作两直线顺次交 l、m 于 A、A' 和 B、B'. 又过 S 作一直线交 PA 于 C，交 PA' 于 C'. 若 CB 与 $C'B'$ 交于 Q，则 PQ 即为所求之直线（如图 2）.

第二法要用到帕普斯定理：在同平面的两条直线上各取点 A_1、A_2、A_3 和 B_1、B_2、B_3. 设直线 A_2B_3 与 A_3B_2 的交点为 P，A_3B_1 与 A_1B_3 的交点为 Q，A_1B_2 与 A_2B_1 的交点为 R，则 P、Q、R 必共线.

应用此定理，过 P 点作 A_2B_3、A_3B_2 两直线和 l、m 分别交于 A_2 及 B_2，又

A_2A_3 交直线 m 于点 A_1，B_2B_3 交直线 l 于点 B_1. A_1B_3 及 A_3B_1 相交于点 Q，则 PQ 即为所求之直线（如图 3）.

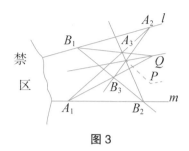

图 3

生锈圆规

单用圆规作图已经是够有趣的了，可是美国的一位老教授佩多却匪夷所思地进一步提出了问题：如果这只圆规生了锈，即两脚不能随意伸缩，那怎么办？

为了方便起见，不妨假定这种半径固定的圆规只能用来描绘半径为 1 的圆.

设有 A、B 两点所形成之线段 $AB < 2$. 试问，能否用生锈圆规找出一点 C，使 $AC=BC=AB$. 也就是说，$\triangle ABC$ 是正三角形. 但请注意，这个正三角形只是"客观"存在，而不能具体描出，因为我们没有直尺！

这个问题看来非常困难，但它被佩多的一位学生在无意中解决了. 他的解法是：以 A、B 为圆心分别作圆交于 D、G. 再以 G 为圆心作圆，分别交圆 A、圆 B 于 E、F. 又分别以 E、F 为圆心作圆，此两圆交于 C，则 C 便是所要求的点（如图）.

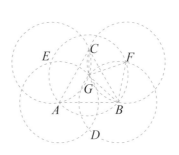

现加以简要证明：在圆 F 上应用圆周角定理，$\angle GCB = \dfrac{1}{2} \angle GFB = 30°$，于是 $\angle ACB = 60°$，又因 $AC=BC$，故 $\triangle ABC$ 是正三角形.

当 $AB > 2$ 时，圆 A 与圆 B 不再相交了，鞭长莫及，怎么办呢？这时可用生锈圆规画出由边长为 1 的正三角形所组成的"蛛网点阵"来解决.

生锈圆规作图的内容相当丰富，在传统的平面几何作图问题上起了推陈出新的作用.

青蛙跳

设地面上有三点 A、B、C，一只青蛙位于地面上距 C 点 0.27 米的 P 点．青蛙第一步从 P 点跳到与 A 点对称的 P_1 点，把这个动作称为是青蛙从 P 点关于 A 点作"对称跳"；第二步从 P_1 出发对 B 点作对称跳，到达 P_2；第三步从 P_2 出发对 C 点作对称跳，到达 P_3；第四步从 P_3 再对 A 作对称跳，到达 P_4……按此方式一直跳下去．若青蛙第 n 步对称跳到达 P_n．试求 P_{1985} 与出发点 P 之间的距离．

这道试题曾引起广大青少年的兴趣．

这类问题，可以作几次"青蛙跳"试一试，看看有什么规律？

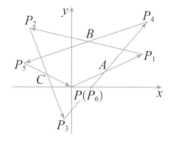

可以设想在地面上建立一个直角坐标系，取青蛙未跳前的出发点 P 为原点，A、B、C 三点的坐标分别是 $(x_i，y_i)$（$i=1$，2，3，…）．根据对称跳的定义和两点的中点公式，点 P_1 的坐标为 $(2x_1，2y_1)$．

设 P_2 的坐标为 $(X，Y)$，则 B 点为 P_1P_2 的中点，它的坐标为

$$x_2 = \frac{1}{2}(2x_1 + X), \quad y_2 = \frac{1}{2}(2y_1 + Y)$$

所以，$\qquad P_2(X, Y) = (2x_2 - 2x_1, \ 2y_2 - 2y_1)$.

同理可以求得 P_3、P_4、P_5、P_6 的坐标：

$P_3 [2(x_3 - x_2 + x_1), \ 2(y_3 - y_2 + y_1)]$、$P_4 [2(x_2 - x_3), \ 2(y_2 - y_3)]$、$P_5 (2x_3, 2y_3)$、$P_6 (0, 0)$. 这说明 $P_6 = P$，即每跳 6 次，又回到原出发点 P. 因此，青蛙跳可以看作是一个周期运动.

由于 $1985 = 6 \times 330 + 5$，这说明 $P_{1985} = P_5$，它是 P 关于点 C 的对称点.

所以，$\qquad |P_5 P| = |PC| \times 2 = 0.27 \times 2 = 0.54$（米）.

左转弯运动

　　已知一正方形的四顶点依次为 A、B、C、D，另一点 P 距离点 D 有 10 个单位长度．一人从点 P 出发，向点 A 直线前进，到达点 A 后，向左拐 $90°$，继续沿直线前进，走同样长的距离到达点 P_1，这样称为此人完成一次关于点 A 的左转弯运动．接着从点 P_1 出发，关于点 B 作上述的左转弯运动到达 P_2，然后依次连续作关于点 C、D、A、B 的左转弯运动，作了 11111 次左转弯运动后，到达点 P_{11111}，求点 P_{11111} 与点 P 之间的距离．

　　当然谁也不愿真的作 11111 次左转弯运动，可以先作几次试验，以寻找其中的规律．

　　如图，从点 P 出发，经过关于 A、B、C、D 连续作四次左转弯运动到达点 P_4，而 P_4 与点 P 重合，这难道是巧合吗？不．

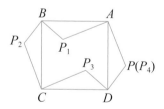

$\because PA=P_1A$，$P_1B=P_2B$，$P_2C=P_3C$，$P_3D=P_4D$；

　　　　$\angle PAD=\angle P_1AB$，$\angle P_1BA=\angle P_2BC$，

　　　　$\angle P_2CB=\angle P_3CD$，$\angle P_3DC=\angle P_4DA$；

又　　　　　　　　$AB=BC=CD=DA$

$$\therefore \triangle APD \cong \triangle AP_1B \cong \triangle CP_2B \cong \triangle CP_3D \cong \triangle AP_4D.$$

由此得 $\triangle APD \cong \triangle AP_4D$，所以 P_4 与 P 必定重合.

这说明：无论从哪一点出发，对 A、B、C、D 四点作四次 $90°$ 左转弯运动后，必又回到原出发点.

$$\because 11111 = 4 \times 2777 + 3, \quad \therefore P_{11111} = P_3.$$

$$|P_{11111}P| = |P_3P| = \sqrt{2}\, PD = 10\sqrt{2}.$$

仍是周期性帮助解决了问题.

笔记栏

切西瓜

如果西瓜是球形的，用普通切菜刀去切，切 1 刀，有 2 块；切 2 刀，最多能有 4 块；切 3 刀，最多能切出 8 块．试问，切 10 刀呢？

这个问题看似简单，其实很难作图，要想解决它，仍需驰骋我们的想象力．

由于圆球的截面是个圆，所以 10 个平面截球的问题实际上就相当于：用 10 个圆最多能将平面分成几部分的问题．

正确的数学模型一经抽象出来，下面就容易按照"一板一眼"的招式去解决．1 个圆显然可把平面分为里、外两部分，2 个圆最多可将平面分成 4 部分，3 个圆最多可将平面分成 8 部分，这在上面已经提到过了，但是提法仍嫌不够规范，很难推广．我们可以这样想，第二个圆与第一圆相交，有两个交点，将第二个圆周分成两段，从而增加两部分．再画第三个圆，使它与第一、第二个圆都相交，于是在第三圆上有 2×2=4 个交点，第三圆周被分成 4 段，从而再增加 4 部分……照此方式继续下去，最后画第十个圆，使它与第一到第九圆全都相交，这时在第十圆的圆周上将有 2×9=18 个交段，这个圆被分成 18 段，从而又增加了 18 部分．

所以总的切片数应该是

$$2+2×（1+2+3+\cdots+9）=92（块）.$$

这种类比法是美国著名数学教育家波利亚首先倡导的，还可应用于直线划分平面的研究.

正方形里的秘密

动脑筋爷爷有一个奇妙的正方形 $ABCD$ 边长为 a，E 为 AD 边上一点，$AE=b$. 连接 AC，CE 构成 $\triangle AEC$. 在这个三角形里，过 E 作 AB 的平行线交 AC 于 P_1，过 P_1 作 AD 的平行线交 CE 于 Q_1，再过 Q_1 作 AB 的平行线交 AC 于 P_2，如此不断进行下去，形成两系列三角形：$\triangle AEP_1$，$\triangle P_1Q_1P_2$，$\triangle P_2Q_2P_3\cdots$ 与 $\triangle EP_1Q_1$，$\triangle Q_1P_2Q_2$，$\triangle Q_2P_3Q_3$，$\cdots$.

动脑筋爷爷让小刚数一数两系列三角形各有多少个？小刚数不清，又拿放大镜来仔细看，还是数不清. 动脑筋爷爷说："不用数了."这两种三角形都有无穷多个，永远也数不清的. 但它们各自的面积之和 S_1 与 S_2 是确定的，你能算出来吗？

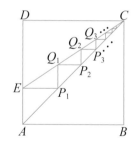

小刚想，这两系列三角形各自的面积之和显然是 $\triangle AEC$ 的面积，即 $S_1+S_2=S_{\triangle AEC}=\dfrac{1}{2}ab$. 如果能找到 S_1 和 S_2 的比，就不难求出 S_1 和 S_2 了.

从图中易知：$\triangle AEP_1 \backsim \triangle P_1Q_1P_2 \backsim \triangle P_2Q_2P_3 \backsim \cdots$；$\triangle EP_1Q_1 \backsim \triangle Q_1P_2Q_2 \backsim \triangle Q_2P_3Q_3 \backsim \cdots$ 且

$$\frac{P_1Q_1}{EP_1}=\frac{P_2Q_2}{Q_1P_2}=\frac{P_3Q_3}{Q_2P_3}=\cdots=\frac{DE}{CD}=\frac{a-b}{a}.$$

设 $\dfrac{a-b}{a}=q$，则

$$\frac{S_{\triangle ER_1Q_1}}{S_{\triangle AER_1}}=\frac{S_{\triangle Q_1P_2Q_2}}{S_{\triangle P_1Q_1P_2}}=\frac{S_{\triangle Q_2P_3Q_3}}{S_{\triangle P_2Q_2P_3}}=\cdots=q.$$

$$\because S_1=S_{\triangle AER_1}+S_{\triangle P_1Q_1P_2}+S_{\triangle P_2Q_2P_3}+\cdots$$

$$S_2=S_{\triangle ER_1Q_1}+S_{\triangle Q_1P_2Q_2}+S_{\triangle Q_2P_3Q_3}+\cdots$$

根据等比定律，有 $S_2 : S_1=q$，即 $S_2=S_1 q$。

所以，
$$S_1=\frac{1}{2}ab \div (1+q)=\frac{a^2b}{2(2a-b)};$$

$$S_2=\frac{ab(a-b)}{2(2a-b)}.$$

动脑筋爷爷的正方形里蕴藏着的是两列无穷等比数列之和．学过极限理论之后，那就可以很快求出答案来了．

折出曲线

利用折纸方法可以证明几何定理，也可形成一些常见的曲线，下面我们分别介绍折出抛物线和椭圆的办法．

取一张矩形纸片 $ABCD$，使用各种办法把顶点 A 斜折到 CD 边上（如示意图 1、2 所示），每折一次就产生一条直线的折痕（图上 MN），经过多次斜折，就形成了许多折痕，于是便有一条曲线相切于所有的直线折痕，这条曲线数学上称为"包络"．可以证明这条"包络"就是一条抛物线．

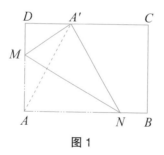

图 1

图 2

再取一张半径为 R 的圆形纸片，在圆内任选一点 A，但 A 不可与圆心重合（如示意图 3、4 所示），然后用各种方法折纸，使圆周边界刚巧通过 A 点．这样，每折一次就会留下一条弦的折痕，当折纸的次数足够多时，就会显露出一个椭圆来．同上面所说的一样，它也是这些直线折痕的包络．是以 O、A 为焦点，长轴为 R 的一个椭圆，其方程是

$$\frac{\left(x-\dfrac{a}{2}\right)^2}{\left(\dfrac{R}{2}\right)^2}+\frac{y^2}{\left(\dfrac{R}{2}\right)^2-\left(\dfrac{a}{2}\right)^2}=1,$$

其中的参数 a 等于 OA 的距离.

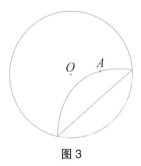

图 3

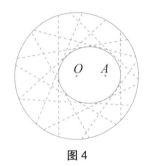

图 4

超椭圆

1959 年，瑞典首都斯德哥尔摩的中心广场招标改建，市政当局希望在一个长 60 米、宽 50 米的矩形广场内建造一喷水池．若用椭圆形的设计方案，则将出现两头过尖的不协调景象，既不美观，也不便于车辆的环行，所以这种设计很快被否定了．有人又提出用八段圆弧作光滑连接，形状虽较对称，但在连接点处依然不理想，所以该方案还是被否定了．

最后，丹麦科学家海因博士提出了一个别出心裁的"超椭圆"设计方案，终于圆满地解决了问题．

所谓"超椭圆"，就是把椭圆方程

$$\frac{x^2}{a^2}+\frac{y^2}{b^2}=1$$

推广为 $\dfrac{x^n}{a^n}+\dfrac{y^n}{b^n}=1.$

右图列出当 n 分别取 $\dfrac{2}{3}$，1，2，$2\dfrac{1}{2}$，10 时的曲线形状．海因博士把 $1<n<2$ 的曲线称为"亚椭圆"，而把 $n>2$ 的曲线称为"超椭圆"．最后，他选中的是 $n=2\dfrac{1}{2}$ 这种超椭圆．它的形状不尖不方，便于车辆行驶，又能与其他建筑物相互协调．他把各喷水点设置在一系列同心的超椭圆上，又在喷水池底下开设

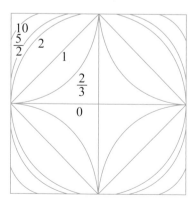

一个透明的地下餐厅，从而使游客们有进入海底龙宫的感觉．

雪花曲线

图1

雪花曲线是由数学家科赫发明的一种奇妙曲线，任何人都能绘制它．

先画一个等边三角形，把每边分成三等分，再在中间部分向外各画一个较小的等边三角形，并抹去无用的线段，这样就画出了一个六角星（图1）．

再在六角星的每条边上用类似的办法向形外画出更小的等边三角形，于是曲线变得越来越长，开始像一片雪花了．再重复几次这个过程，将使曲线变得更长、更美丽（图2）．上述全部作图过程都可以利用圆规和直尺来完成．

按照这个方法不断画下去，你愿意曲线多长，它就可以有多长．

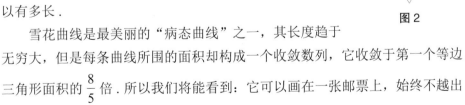

图2

雪花曲线是最美丽的"病态曲线"之一，其长度趋于无穷大，但是每条曲线所围的面积却构成一个收敛数列，它收敛于第一个等边三角形面积的 $\frac{8}{5}$ 倍．所以我们将能看到：它可以画在一张邮票上，始终不越出其藩篱，然而它的长度却可以超过地球与最遥远的星云的距离！

它的另一个奇妙性质是：在极限曲线上的任一点都不能确定它的切线．

工程问题图算法

一件工程，A 单独做 7 天完成，B 单独做 8 天完成，如果两人合做，需几天完成？

这类问题被称为工程问题，小朋友历来感到头痛．有一种图算法，可以帮你计算这类问题．

设两人合做 z 天完成，则

$$\left(\frac{1}{7}+\frac{1}{8}\right)\cdot z =1,$$

于是有

$$\frac{1}{z}=\frac{1}{7}+\frac{1}{8}.$$

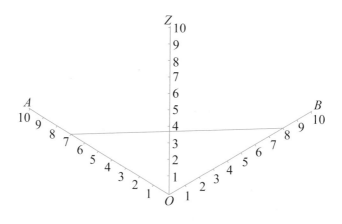

在上图中，是三条有刻度的射线，它们的夹角都是 60°．

在射线 OA 上，找到刻度 7，在射线 OB 上找到刻度 8，然后将这两个刻度的对应点连接起来，连线与射线 OZ 交点的刻度就是 z 的值.

这种图叫算图，也叫诺模图（"诺模"是希腊文的音译，意为"规律"），在科学实验和工程技术上有一定的用途. 例如，凡三个量 z、a、b 满足等式 $\frac{1}{z} = \frac{1}{a} + \frac{1}{b}$，已知 a、b 求 z，都可以通过这个算图计算. 这里，z 称为 a、b 的调和平均数或调和中项，物理学中好多现象都符合这个等式，如电学中求并联电路的总电阻，光学中物、像、焦点到透镜的距离公式等，都要用到调和平均数.

一般地，只要与某个关系式相应的算图被画出，要求与这个关系式有关的量就不必一一计算，只要在这个相应的算图上量一下就可以了.

算图是在 19 世纪末由法国数学家奥卡涅在研究图形与计算的基础上发明的.

伪球面

　　一个小姑娘在人行道上散步，身后用一根柔软而不能伸长的绳子拖着一辆玩具车，小车在马路上展现出的轨迹，这就是所谓"曳物线"．

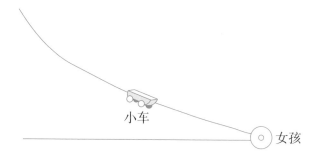

小车　　　　　　　　　　　　⊙ 女孩

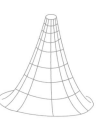

　　玩具车永远不会达到小姑娘散步的路线，但是它将越来越靠近人行道．小姑娘前进的那条直线，便是曳物线的渐近线．

　　将曳物线绕它的渐近线旋转一周，得到的曲面称为"伪球面"．右图是它的一部分，是由半支曳物线旋转而得，其形状很像乐队所使用的大喇叭．

不交叉的路线

　　甲、乙、丙、丁、戊五个渔民，每天要到同一个池边去捕鱼．捕鱼时，各人都有自己的专用渔码头．五个渔民的住处和专用渔码头的位置如图 1 所示．

　　一天，他们商定，各人从家到自己的专用渔码头去时，希望路线不重复，也不交叉．这办得到吗？如能办到，该怎么走？

　　这个要求是能够做到的．只要甲、乙、丙、丁、戊在离家时，如图 2 所示绕五所房屋行走就可以了．

　　这个问题涉及现代数学的一个分支"拓扑学"．

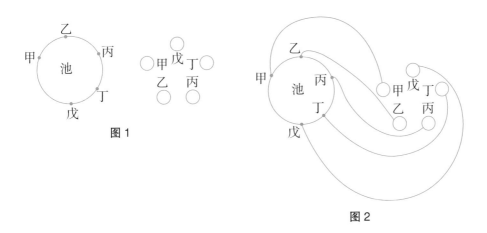

图 1

图 2

假结

　　将绳子打两个结（如图1），就成了死结．在这个死结的基础上，再绕上几下，成图2状．现在请你设想一下，如果将图2中的两根线头向两边一拉，结果会怎么样呢？

　　按常规看法，在一个本是死结的基础上，又绕了几下，肯定更"死"了．但出人意料，图2中的结是个假结，也就是说，将两个线头一抽，还原成一根绳．

　　这个结叫切法洛结，魔术师常常用到它．

　　结绳问题与现代数学分支拓扑学中的扭结理论有关．

图1　　　　　　　图2

施佩纳游戏

任意画△ABC，然后将△ABC任意分割成许多小三角形（如图）. 在 A、B、C 三顶点上分别插红、黄、蓝色小旗.

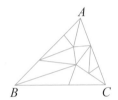

两人轮流在图中其他的交叉点上插旗. 插旗的规则如下：

（1）如果这个交叉点在△ABC的某一条边上，那么这个交叉点只能插与该边的两个端点中某一个端点同色的旗；

（2）如果这个交叉点在△ABC的内部，则可以随意插红、黄、蓝三色中的某一色旗.

谁先得到一个小三角形，它的三个顶点上的旗恰为红、黄、蓝三色者为胜利.

德国数学家施佩纳证明了"这样的小三角形必然存在，而且是奇数个". 有趣的是，从施佩纳定理出发，可以证明每一个包括三条边在内的所谓"闭三角形"，在每个将它变为自身的拓扑变换下，都至少有一个不动点.

施佩纳定理与现在拓扑学中的重要原理——不动点原理有密切关系，在许多实际问题中都有应用.

三

趣味图论与排列组合

地图着色游戏

英国人古斯里曾发现，任何地图用四种颜色着色都足够了．1840 年，德国数学家莫比乌斯也提出过这个猜想，但他们都未能证明．1878 年，英国数学家凯莱在伦敦数学会的会刊上写了一篇专题文章，从此吸引了大批数学家来钻研这个问题．1879 年，有人发表了一篇论文，声称问题已经解决，不料后来却被人指出，他的证明中存在错误，于是问题依然悬而未决．

1976 年，发生了一件轰动全世界的大事，美国数学家哈肯和阿佩尔等宣布：他们用电子计算机证明了四色猜想是成立的．于是，从 1976 年开始，"四色猜想"这个命题终于改成"四色定理"了．

下面让我们来做一个深刻而有趣的游戏．取出一张白纸、一支钢笔和四种颜色的笔，由两个人来做．

甲专门画区域（每个区域代表一个国家），乙专门给区域着色，两个国家如果有一条共同边界线的，就不得使用同一种颜色．每次着色完成以后，甲再在原来地图的基础上，添画一个新的国家，为了把乙难倒，无论什么稀奇古怪的形状都可以画，但所画的区域必须是一个连通的、整体的图形，不得分裂为几个孤立的子块．

游戏的输赢规则很简单：如果甲画出来的任何地图，乙都可以用四种颜色来完成着色，那么甲就是"黔驴技穷"，只好认输；反之，如果在某一步，四种颜色不够了，那么乙就只好甘拜下风，乖乖地服输．

为了便于大家理解，下面让我们给出一个实际的对局．

图 1 中的 1，2，3，4，…是甲先后画出来的区域．我们可以看到，乙的对付方针不但非常巧妙，而且是"惜色如金"，轻易不动用新的颜色．从第一步到第十一步，乙的着色办法无懈可击．

然而，当甲画出第 12 个区域时，乙顿时目瞪口呆了！此时所有四种颜色都已经不够，他不得不启用红、黄、蓝、白之外的第五种颜色了．于是，只能认输．然而，一个重大问题产生了．

乙的失败，是不是意味着"四色定理"错了呢？这不是找出来的一个"反例"吗？有人大吃一惊地匆忙表态．

其实不然，解决的办法是把这一切全部推倒重来！

下面便是一个崭新的着色方案（如图 2）．

请看，四种颜色不是明明够用的吗？不过，这个游戏却告诉我们，一般人对四色定理的理解是相当肤浅的！

图 1

图 2

五个自然数

任意五个自然数中，是否总能选出三个，使其和必能被 3 整除？

任意一个自然数被 3 除，余数只有三种可能：余数为 0，1，2. 所以自然数可以划分为三大类：3 除余 0，3 除余 1，3 除余 2.

据此可知五个自然数中至少有两个除以 3 所得余数相同，否则五个自然数除以 3 所得余数都不相同，将与自然数除以 3 所得余数只有三种不同情况矛盾. 所以五个自然数分别除以 3 所得余数不外如下两种情形：

（1）只有两个所得余数相同，另三个余数各不相同，那么这三个自然数之和：$3k_1+3k_2+1+3k_3+2=3$（$k_1+k_2+k_3+1$）（k_1、k_2、k_3 都是非负的整数），必为 3 的倍数；

（2）有三个自然数所得余数相同，则此三个自然数之和必为 3 的倍数.

所以任意五个自然数中总可选出三个，其和必能被 3 整除.

这一题用的方法是在数学上应用广泛的抽屉原则（亦称鸽笼原则）. 它的最简单的形态是：$n+1$ 件物品放在 n 个抽屉中，则至少有一个抽屉里放有两件物品.

还可推广到如下更一般的形式：

把 n 件物体放在 m（$m < n$）个抽屉里，则至少有一个抽屉里放入的物体数为（$n-1$）除以 m 的商的整数部分加 1.

二十个相异的整数

从 1，4，7，…，97，100 中任意取 20 个相异整数．证明：其中必有不同的两个数组，其和都是 104.

将 1，4，7，…，97，100 这 34 个整数分成如下 18 组：

{1}，{52}，{4，100}，{7，97}，…，{49，55}.

任意取出 20 个不同的整数时，至少有 18 个数取自后 16 个数组．于是根据抽屉原理，至少有两个数组中的数都被取出．这样，在任意取出的 20 个数中，就至少有不同的两个数组，其和都是 104. 由此可见，解决这个问题的关键是把题中数字巧妙地分组配对．

足球循环赛

　　30 支足球队参加单循环赛，则赛程的任何时刻，都会有两支球队赛完了同样多的场次．

　　每支球队比赛的场次可以是 0，1，2，3，…，29 这 30 个数目中的一个．如在赛程的任一时刻有某支球队赛完 29 个场次，则其他的队都不可能没有比赛过，即赛完场次为零的情况已经排除．于是 30 支球队赛完的场次数仅有 1 至 29 共 29 种可能，根据抽屉原则，可知至少有两支球队比赛的场次数相同．

　　如果赛程的任何时刻，没有一支球队赛完了 29 场次，那么 30 支球队赛完的场次仅有 0 至 28 这 29 种可能，于是根据抽屉原则，可知至少有两支球队赛完的场次数相同．

　　综合上述两种情况，可知赛程的任何时刻，都会有两支球队赛完了相同的场次．

集会的共性

在任何一次集会中，其中必有两个人，他们认识的人一样多，这是为什么？这里所说的认识是一种对称关系，即若甲认识乙，则乙也必认识甲.

开会，已是社会生活中大家习以为常的事情. 但是，许多人对上述这种集会的"共性"却还缺乏认识.

设参加集会的人数为 n，对其中的某一个人来说，他可能一个认识的人也没有，但认识的人至多也只有 $n-1$ 个，因为自己不算.

现在我们进行分类：

一个人都不认识的人归入集合 A_0；

认识一个人的人归入集合 A_1；

……

认识 $n-1$ 个人的人归入集合 A_{n-1}.

显然，A_0 与 A_{n-1} 这两个集合中至少有一个是空集. 因若 A_0 中至少有一个人，则其他人所认识的人至多是 $n-2$ 个，于是 A_{n-1} 必是空集；如果 A_{n-1} 中至少有一个人，则其他所有人就至少认识一个人，于是 A_0 必为空集.

因此，一共有 n 个人，而只能归属到 $n-1$ 类，于是根据抽屉原则，至少有两个人同属一个集合，即他们认识的人一样多.

是朋友，还是陌生人？

一次数学家集会上，休息时，有人提出一个命题："世界上任何六个人中，必有三人或者互相认识或者互相不认识."

多么不可思议的命题！你相信它是正确的吗？读了下面的证明，你就不能不相信了.

我们用空间任意六个点：A_0、A_1、A_2、A_3、A_4、A_5 表示这六个人（其中无三点共线），在每两点间连接的 15 条线段中，或用实线连接（表示线段两端点的人互相认识），或用虚线连接（表示线段两端点的人互相不认识）. 这样上述定理就是要求证明必存在三点，以此三点为顶点的三角形的三边用相同的线连接.

从任意一点（不失普遍性）A_0 出发，与余下的五点 A_1、A_2、A_3、A_4、A_5 连接得五条线段，在此五条线段中只有两种形式，故必存在三条是同样的线条. 设 A_0A_1、A_0A_2、A_0A_3 均为实线，则在 A_1A_2、A_2A_3、A_3A_1 三条线段中可分为两种情形：

（1）A_1A_2、A_2A_3、A_3A_1 均为虚线，则 $\triangle A_1A_2A_3$ 三边同为虚线，即 A_1、A_2、A_3 三人互相不认识；

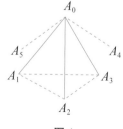

图 1

（2）A_1A_2、A_2A_3、A_3A_1 三条中至少有一条是实线，如 A_1A_2 为实线，则 △$A_0A_1A_2$ 的三边同为实线，即 A_0、A_1、A_2 三人互相认识，如图 2.

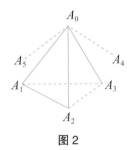

图 2

所以，无论怎样的六个人中，必有三人或者互相认识，或者互相不认识.

八皇后问题

    在国际象棋盘上，放上 8 个皇后，使没有两个皇后在同一行、同一列或斜线上．

    后来有人解出 92 种放法．图中给出的是一种放法．

    这个问题是德国数学家高斯提出的，属于组合数学的范围．

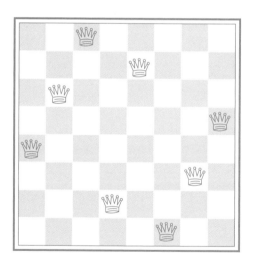

称次球

27 只球中有一只次品，这个次品外观上与正品毫无区别，只是分量略重一些. 现在有一架天平，要把次球找出来，至少要称几次？

答案是只要 3 次就可以了.

第一次，随意把 27 只球平均分成三堆，并随意把两堆分别放在天平的左、右两盘中. 这时，有两种可能：第一种情况，天平平衡，这说明次球在未放到天平的那一堆中；第二种情况，天平不平衡，这说明次球在重的一个盘子中. 总之，一下子可以将搜索范围缩小到 9 个球.

第二次，再随意把 9 个球平均分成三堆，并将其中的两堆分别放在天平的左、右盘中，这样可把搜索范围缩小到 3 个球.

第三次，从这三个球中任取两个分别放在天平的左、右盘中，也有两种情况：第一种情况，天平平衡，则未放入盘的球为次球；第二种情况，天平不平衡，则较重的球是次球.

检查次钢珠

　　某商店进了十箱钢珠，根据标准，这类钢珠每颗应重 10 克．但后来知道，这十箱钢珠中，混进了一箱次品．次钢珠的外观与正品没有区别，只是每颗重量少了 1 克．怎样才能迅速简便地把这箱次钢珠找出来呢？

　　按一般思路，需一箱箱检查．这样的话，如果弄得不巧，要称 10 次才能检查出结果来．采用下列方法，只需称一次就行了．

　　从第一箱中取 1 颗钢珠，从第二箱中取 2 颗钢珠……从第十箱中取 10 颗钢珠．然后把这些钢珠，即 1+2+3+⋯+10=55（颗）钢珠一起过秤．如果它们全是正品，应重 550 克，现混有次品，当然总要比 550 克轻些．

　　如果总重为 549 克，即比 550 克轻了 1 克，这说明其中混进了 1 颗次钢珠．进一步可以推断，第一箱钢珠是次品．

　　如果总重为 548 克，即比 550 克轻了 2 克，这说明其中混进了 2 颗次钢珠．进一步可以推断，第二箱是次品．

　　如果总重为 540 克，即比 550 克轻了 10 克，这说明，其中混进了 10 颗次钢珠．进一步可以推断，第十箱是次品．

　　这种问题属于组合数学范畴．

再查次钢珠

承上题. 但这十箱钢珠中混进了若干箱次品. 能否只称一次就查出这些次品钢珠箱呢?

这也是可以的.

从第一箱中取 1 颗珠, 从第二箱中取 2 颗珠, 从第三箱中取 4 颗珠, 从第四箱中取 8 颗珠……从第十箱中取 2^9, 即 512 颗珠. 然后将这些珠, 即 $1+2+4+\cdots+2^9=1023$ 颗珠一起过秤. 如果它们全是正品, 应重 10230 克. 现混有次品, 当然总要比 10230 克轻些.

如果总重为 10229 克, 即比 10230 克轻 1 克, 那么, 说明混进了 1 颗次珠, 显然, 第一箱是次品.

如果总重为 10228 克, 轻了 2 克, 说明混进了 2 颗次珠, 显然, 第二箱是次品.

如果总重为 10227 克, 轻了 3 克, 说明混进了 3 颗次品. 因为我们从多箱中取珠的数目分别是 1, 2, 4, 8, …, 512, 不难推出, 第一箱和第二箱都是次品.

如果总重比 10230 克轻了 30 克, 说明混进了 30 颗次品. 30 可以看成 $30=16+8+4+2$, 可以推出, 第二箱、第三箱、第四箱、第五箱是次品.

这样, 称一次就可以把次品钢珠箱都查出来.

这里, 我们用到了二进制数的原理: 任何一个正整数都可以表示为唯一的一个二进制数. 如 30 可以表示为二进制数 11110, 即 $30=2^4+2^3+2^2+2$. 由于这种分拆是唯一的, 所以, 总可以找出对应的次品箱来.

集合计数公式

如果用 $n(A)$ 表示有限集合 A 的元素个数，则有以下公式：

$$n(A\cup B)=n(A)+n(B)-n(A\cap B),$$

如果有限集合的个数为三个，则上述公式可以推广为：

$$n(A\cup B\cup C)=n(A)+n(B)+n(C)-n(A\cap B)-n(A\cap C)-n(B\cap C)+n(A\cap B\cap C).$$

当然，公式还可以作更进一步的推广，但这里不打算讨论了.

许多组合数学问题都与此公式有关.例如：

某市举行数理化竞赛，以选拔尖子到国家队培训.报名至少参加一科的：数学 40 人，物理 37 人，化学 35 人；至少参加两科的：数学、物理 18 人，物理、化学 15 人，数学、化学 13 人；三科都想参加的也有 7 人.试问报名参赛的学生总共有几人？

设 A、B、C 分别代表参加数学、物理、化学竞赛的学生集合.由已知条件，得 $n(A)=40$，$n(B)=37$，$n(C)=35$；$n(A\cap B)=18$，$n(B\cap C)=15$，$n(A\cap C)=13$，$n(A\cap B\cap C)=7$.直接代入上述公式即可求出：

$$n(A\cup B\cup C)=40+37+35-18-15-13+7=73.$$

所以报名参赛的学生总数为 73 人.

三角形计数

如果凸 n 边形的任何三条对角线在形内都不共点，试问它的边和对角线一共可以构成多少个三角形？

我们可以先画上一个图来试试，即使点数 n 不太多，各式各样的三角形就多得使你眼花缭乱，数也数不清了.

为了清点各种三角形，必须按照三角形顶点的情况进行分类：

（1）三个顶点都是凸多边形的顶点，这样的三角形共有 $C_n^3 = \dfrac{n(n-1)(n-2)}{1 \times 2 \times 3}$ 个，这里 C_n^3 表示从 n 件东西中取三件的组合数；

（2）两个顶点都是凸多边形的顶点. 我们先来看一看，由凸多边形的任意四个顶点所构成的图形中，这类三角形共有四个（例如图 1 中的 $\triangle A_1 A_2 P$、$\triangle A_2 A_4 P$、$\triangle A_4 A_5 P$ 和 $\triangle A_5 A_1 P$），因此，这一类三角形共有 $4 C_n^4 = 4 \left[\dfrac{n(n-1)(n-2)(n-3)}{1 \times 2 \times 3 \times 4} \right]$ 个；

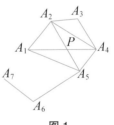

图 1

（3）有一个顶点是凸多边形的顶点. 由图 2 显然可以看出，由多边形任意五个顶点所构成的图形中必含有五个这样的三角形，因此，它一共有 $5 C_n^5$ 个；

（4）三个顶点全都不是原来的凸多边形的顶点，由图 3 可见，在凸多边形的任意六个顶点所构成的图

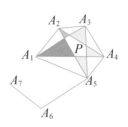

图 2

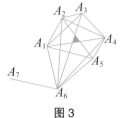

图 3

笔记栏

形中，这样的三角形只有一个．因此，凸 n 边多边形共有这种三角形 C_n^6 个．

把这四类三角形加起来，其总数是

$$\frac{1}{720}n(n-1)(n-2)(n^3+8n^2-43n+180).$$

此问题的解决，充分体现了某种巧思．这就是说，必须把计数对象进行分类，使它既不重复，又不遗漏，而且分类标准必须明确无误．本问题的技巧是高明的，但一经解释清楚，又是人人都能懂的．

围棋盘上的正方形

围棋盘由横竖各 19 条线组成 . 问棋盘上共有多少个正方形？

为了数各种大小不同的正方形的个数，先以每一小格的边长为 1 个单位长度 . 考察边长为 10 个单位长度的正方形的个数 .

将边长为 10 的正方形放在棋盘的左上角如图中的 $ABCD$ 的位置 . 如将此正方形移到棋盘的右下角，则顶点 A 移到点 O 的位置；如将此正方形移到棋盘的左下角和右上角，则顶点 A 分别移到图中的点 P 和点 Q. 注意观察顶点 A 的各种可能位置只能在图中正方形 $APOQ$ 的格子点上，正方形 $APOQ$ 的每一个格子点都可作为边长为 10 的正方形的顶点 A，也只能作为边长为 10 的正方形的顶点 A. 只要数一数正方形 $APOQ$ 的格子点数，就可得到边长为 10 的正方形的个数：

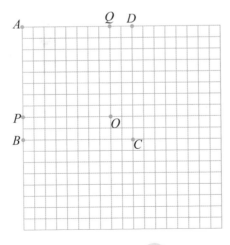

$$（19-10）\times（19-10）=9^2.$$

按此方法，可得

边长为 18 的正方形个数为：$（19-18）\times（19-18）=1^2$；

边长为 17 的正方形个数为：$（19-17）\times（19-17）=2^2$；

边长为 16 的正方形个数为：$（19-16）\times（19-16）=3^2$；

......

边长为 2 的正方形个数为：$（19-2）\times（19-2）=17^2$；

边长为 1 的正方形个数为：$（19-1）\times（19-1）=18^2$.

总共有正方形：

$$1^2+2^2+3^2+\cdots+18^2=2109（个）.$$

卡塔朗数

公园售票窗口前有 $2n$ 个人排队买票，每张门票定价 5 角，每人限购一张．这些人中，只带一张 5 角人民币的与只带一张 1 元人民币的各有 n 人．开始售票时，售票窗口没有角票可以找零．试问：大家都能顺利买票，售票员始终没有找不出零钱困扰的排队方法共有多少种？

用 0 代表身边带 5 角钱的人，1 代表带 1 元钱的人，则本问题即可变成：有 n 个 0 和 n 个 1，问有多少种排列方法，使排成的 0、1 序列里，任意前 i（i 可从 1 变到 $2n$）个数字中，0 的个数总不少于 1 的个数，此性质称为前束性质．如能将问题转化为图形，那当然更易了解．为此，我们把 0 看作向右走一步，把 1 看作向上走一步，则很明显，n 个 0 和 n 个 1 所组成的序列将和图中从原点（0，0）到点（n，n）的递增路径是一一对应的．于是，我们只要计算路径的条数就行了．

再进一步看问题，具有前束性质的 0、1 序列正好与不越过对角线 OA 的递增路径一一对应（如图 1）．而这种路径的条数

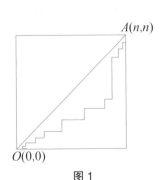

图 1

$$C_n = \frac{1}{n+1} C_{2n}^n = \frac{(2n)!}{n!(n+1)!} \quad (n=0,\ 1,\ 2,\ \cdots)$$

这就是有名的卡塔朗数，其前十项是 1，1，2，5，14，42，132，429，1430，4862．

除了排队找零票问题可以引出卡塔朗数之外，

凸 $n+1$ 边形的三角形剖分方法种数（如图 2，这种三角形只能以凸多边形的边与对角线为其三边）以及 n 个指定了顺序的实数的乘积结合方式种数也都可以引出它.

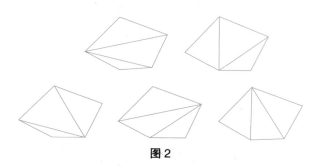

图2

卡塔朗数还有一个极其直观的几何意义，它可以看作是杨辉三角形中"中垂线"上的数除以依次递增的自然数而得（如图3）.

卡塔朗数有一个简单而漂亮的递推公式如下：

$$C_n = C_1 C_{n-1} + C_2 C_{n-2} + \cdots + C_{n-1} C_1.$$

一般认为这种数是由比利时数学家卡塔朗在 1838 年首先提出的，但后来有人指出，实际上数学家欧拉早在 1758 年就已认识到它了. 近来，我国内蒙古师范大学罗见今教授以大量的史料论证，所谓"卡塔朗数"的首创者其实并非欧洲人，而是我国清朝的蒙古族学者明安图. 他的发现早于欧拉，比卡塔朗的发现几乎早了一百年.

```
                ①
              1   1
            1   ②   1
          1   3   3   1
        1   4   ⑥   4   1
      1   5   10   10   5   1
    1   6   15   ⑳   15   6   1
```

图3

穿越封锁线

一班战士 11 人，老战士 6 人，新战士 5 人，要穿过一道封锁线．全班战士在行进时成单列前进，并要求前面两个战士越过封锁线后，第三人必须返回报告，并排在队尾；接着第四、五两人穿越，第六人返回排在队尾……为了穿过封锁线后能协同作战，还要求在全体战士穿过封锁线后，排成新老间隔的队形．问队伍在穿越封锁线前该有怎样的队形？

设原先队形为

1，2，3，4，5，6，7，8，9，10，11.

穿封锁线时，1、2 通过，3 排尾；4、5 通过，6 排尾；7、8 通过，9 排尾．至此队形成：

封锁线

1，2，4，5，7，8，$\}$ 10，11，3，6，9.

（通过）　　　　（未通过）

根据第三人排尾的规定，当 10，11 通过后，紧接其后的"3"又应排在尾，所以，此时队形变化成：

封锁线

1，2，4，5，7，8，10，11 $\}$ 6，9，3.

（通过）　　　（未通过）

然后，6、9 通过，3 排尾；最后"3"通过．队形成：

1，2，4，5，7，8，10，11，6，9，3.

他们应是新老交替的，所以1、4、7、10、6、3是老战士，2、5、8、11、9是新战士，即原先的队伍新老战士的搭配应是：

老，新，老，老，新，老，老，新，新，老，新

1，2，3，4，5，6，7，8，9，10，11.

左右逢源

男、女生各占一半的 50 位学生席地而坐，围成一圈开篝火晚会．奇妙的是，其中必能找到一名学生，此人的左、右坐的都是女生．

由于没有强调此人的性别，是男是女都可以，因此可能有两种情况都符合本命题的结论：（1）某男生的左、右是女生；（2）有三位女生连坐在一起．

如果第一种情况出现，则结论已经成立．如果这种情况不出现，那么每个男生至少和另一个男生连坐，组成一个"小集团"．25 个男生至多分成 12 个小集团，而分隔小集团的全是女生，作为分隔者的女生也是由两名女生组成的"小集团"（如图）．这就是所谓"最不利"的情况．

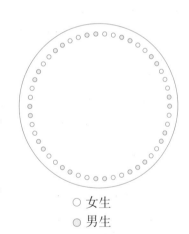

○ 女生
◉ 男生

然而，由于女生有 25 人，至多只能分成十二个"小集团"，因而至少有一个"小集团"是三个以上女生连坐，从而出现了上面所说的第（2）种情形．这就证明了命题．

错装信封

　　某人写了四封信，并在四只信封上写下了四个收信人的地址与姓名．但匆忙之中，把信笺装错了信封．问有几种可能的错装法？

　　两封信错装的可能性显然只有一种．三封信错装的情况稍复杂些．我们把信封记为 A、B、C 相应的信笺记为 a、b、c．先装信笺 a，有两种可能：B、C．如果 a 装进 B（记作 aB）．b 有两种装法：A 和 C．但 b 装 A 是不行的，因为此后 c 只能装入相应的信封 C 了．所以，b 只能装入 C，此后，c 装入 A．如果 a 仍装进 C，b 只能装进 A，此后，c 装入 B．所以，三封信错装，共有 2 种可能，即 aB，bC，cA 和 aC，bA，cB．

　　四封信全部错装，情况更为复杂．经讨论可列出下表，一共是 9 种情况．

$$aB\begin{cases} bA & cD & dC \\ bC & cD & dA \\ bD & cA & dC \end{cases}$$

$$aC\begin{cases} bA & cD & dB \\ bD \begin{cases} cA & dB \\ cB & dA \end{cases} \end{cases}$$

$$aD\begin{cases} bA & cB & dC \\ bC \begin{cases} cA & dB \\ cB & dA \end{cases} \end{cases}$$

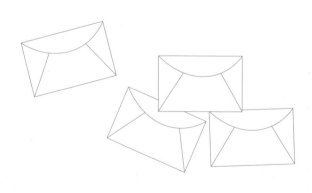

一般地，n 封信全部错装的可能情况有

$$n!\left(\frac{1}{2!}-\frac{1}{3!}+\frac{1}{4!}-\cdots+(-1)^n\cdot\frac{1}{n!}\right),$$

错装信封问题由瑞士数学家伯努利最先考虑，后来数学家欧拉独立地解出了这个问题．它与蒙特莫问题是配对的．后一问题的提法是：把 n 张信笺与信封任意打乱，至少有一张信笺装在正确信封内的装法有多少？这一问题由法国数学家蒙特莫于 1713 年首先解决，因而得名．

飞行员编组

由不同国籍的 11 名飞行员组成了一个飞行团. 每一架飞机需要正、副驾驶员各一名. 但由于语言等原因, 不是任意两个飞行员都可以编成一个机组的. 正驾驶员 A、B、C、D、E 和副驾驶员 a、b、c、d、e、f 可以配合的情况如下表:

正驾驶员	可配合的副驾驶员
A	a、c
B	a、f
C	b、d、e
D	b
E	e

问最多可以编成几个机组? 怎样编法?

为了看清飞行员之间的"可配合"关系, 可画出图 1.

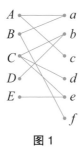

图 1

由于正驾驶员 D、E 各只有唯一的副驾驶员可以配合，所以 Db，Ee 应编成组．我们随即把 D、E、b、e 圈起来，并把与他们有关的线段统统擦掉（图 2）．

笔记栏

分析图 2，正驾驶员 C 只能与一个副驾驶员 d 搭配，所以将他们编成一组 Cd．将 C、d 圈起来，擦去相应的线段，成图 3，A、B 的安排有 3 种可能：Aa，Bf；Ac，Ba；Ac；Bf．

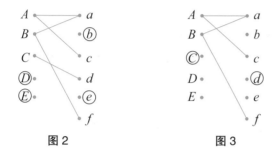

图 2　　　　图 3

所以，本题最多可以编成 5 个机组．

圆桌骑士

亚瑟王是英国历史上一位传奇人物，他有一位足智多谋的军师米尔林最为得力，上至军国大事，下到日常起居，都安排得井井有条．

有一天，国王准备大宴宾客，在王宫里安排了一个大圆桌，请他 $2n$ 个武士来赴宴．不过，这些人虽都效忠于他，但相互之间却有怨仇．如果让心存芥蒂的人坐在相邻位置上，也许就会闹出大乱子．

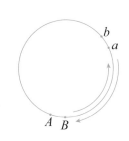

幸好，并不是人人都是有仇的，每一个武士的仇人最多不超过 $n-1$ 个人．怎样把 $2n$ 个武士安排到一张圆桌上就座，使每个人的左、右相邻座位上都不是仇人？

米尔林用"有限调整法"解决这个难题．首先，他随意安排武士们的座位，设有两个仇人 A 和 B 恰好坐在相邻位置上，不妨设 B 坐在 A 的右手（因为 A、B 本是随便设定的），这时，他总能找到这样的位置，使 B 的朋友 b 坐在 A 的朋友 a 的右手（不是敌人的人，就叫做"朋友"），这是因为 A 的朋友不少于 n 人，而 B 的仇人最多只有 $n-1$ 人的缘故．

这时，军师米尔林可以下令，把由 B 到 a 的整个座位上的武士，按照颠倒过来的顺序重新入座．显然，经过这样的"调整"之后，如果 a 和 b 是朋友的话，那么仇人对数就减少了一对；如果 a 和 b 是仇人的话，那么仇人对数就将减少两对．重要的是：在作这样的调整时，其他人没有影响．

于是，经过有限次调整以后，所有的冤家对子就都拆开了．

夫妻围坐

有 4 对夫妻一起共进午餐，围坐在一张圆桌旁．入席时，一位先生说，为了增加交流，我们能否男女间隔而坐，并且没有一对夫妇是相邻的．大家都表示赞同．请问，按这种要求，有多少种坐法？

先安排女士就座．如果我们把一桌上 8 个座位编上号（1，2，…，8）．女士们可以坐奇数号座，也可以坐偶数号座；如果选定了坐奇号（偶号也一样），第一位女士就座时有 4 种可能的选择，第二位女士就座时只有 3 种可能的选择了……可见，安排女士们坐下，就有 2×4×3×2×1=48 种方法．

接下来安排男士就座，这是一件很复杂的事．为此，我们先把问题简单化一些．1 对、2 对夫妻围坐要达到本题的要求是不可能的．3 对夫妻围坐，当女士就座之后，安排男士就座只有 1 种方法（图 1）；4 对夫妻围坐，当女士就座之后，男士们有两种坐法（图 2），所以，按照本题要求 4 对夫妻围坐共有 48×2=96 种方法．

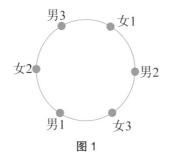

图 1

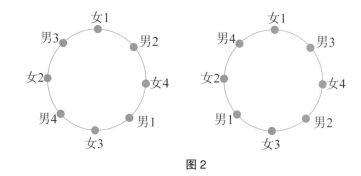

图2

推广到一般情况，n 对夫妻围坐的方法数 M_n，可用下面的公式来计算：

$$M_n = 2 \cdot n! \cdot A_n,$$

式中的 A_n 表示当女士们坐定后，n 位男士的坐法，又称为"夫妻数". 最前面的几个夫妻数是 $A_2 = 0$，$A_3 = 1$，$A_4 = 2$，$A_5 = 13$，$A_6 = 80$，$A_7 = 579$，$A_8 = 4738$，$A_9 = 43387$. 这样，如果有 5 对夫妻围坐，而没有一对夫妻相邻的坐法，就有

$$2 \cdot 5! \cdot A_5 = 2 \times 5 \times 4 \times 3 \times 2 \times 1 \times 13 = 3120（种）.$$

犬神家的百宝箱

日本亿万富翁犬神生有四个女儿，其中三个都招了女婿，住在一起，但彼此钩心斗角．犬神老爷有只百宝箱，因为家族成员之间互不信任，所以规定了一项制度：开箱时必须有四人同时在场．为此，定做了许多安全锁，又配上不少钥匙．

在老爷临死时，他又宣布家族还要增添两名重要成员．同时，打开百宝箱的办法也要改变，从简单多数（七人中有四人在场）更改为绝对多数（九人中有八人在场）．当然，这是老爷的苦心安排，这样，如果没有新增的两人中的一个在场，那么百宝箱根本打不开．

倘若犬神老爷死后，所有家庭成员都是平等的，不存在一个掌握全部钥匙的"大管家"；而且家族成员每人身上所掌握的钥匙数目完全相等（品种可能不一样），每把锁都配着同样个数的钥匙．试问，为了满足新规定，必须增配几把锁？几把钥匙？要求算出最小解．

本问题有三个重要的特征数，它们是：(1) 一共要装几把锁，记为 A；(2) 每人手中应掌管几把钥匙，记为 B；(3) 每把锁要定配几把钥匙，记为 C．还要注意本问题的对称性与均齐性，即把任意八个人手中的钥匙凑在一起时，就可以打开所有的锁．

现在我们来指出解法的纲要，画一个没有宝塔尖的杨辉三角形（如图）．如果总人数为 n，开箱人数为 q，则 A 数是第 n 行的第 q 个数，而 B 数便是其上面一行的第 q 个数（图中打上了框），至于 C 数则是 $n-q+1$. n、q 可先设几个较简单的数，提出猜想后，再通过数学归纳法证实．

利用此图，即可方便地算出，当该家族只有 7 名成员时，要装 35 把锁，每把锁配 4 把钥匙；增添 2 名新成员后，需要装 36 把锁，每把锁配 2 把钥匙．因为原有的锁与钥匙均可利用，所以只要再买 1 把锁，配 2 把钥匙就行了．多余下来的钥匙可一律收回，废弃不用．

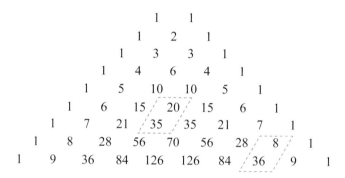

囚犯放风

英国游戏数学专家杜德尼曾经提出一个有趣的问题：

从前，有九名特别凶恶的江洋大盗，已被逮捕入狱．为了贯彻人道主义原则，他们每天都要被监狱看守人员带出去放风．放风时分成三组，每组三人，两两铐在一起．为了防止他们策划阴谋诡计，在六天中任何两名罪犯被铐在一起的机会只能有一次．请问，狱卒应该怎样制订一个谨慎的放风计划，使在六天中放风完毕．但要补充一点，由于被中间的一人隔开，所以左、右两名囚徒即使同属一组，也无法交谈，所以这两人不认为是被铐在一起的．

此题提出以后，公开征解，长期无人应征．后来只好由杜德尼本人给出了解法．

由他充当狱卒，制订的放风计划是：

第一天：1-2-3，4-5-6，7-8-9；

第二天：6-1-7，9-4-2，8-3-5；

第三天：1-4-8，2-5-7，6-9-3；

第四天：4-3-1，5-8-2，9-7-6；

第五天：5-9-1，2-6-8，3-7-4；

第六天：8-1-5，3-6-4，7-2-9．

后世的研究者很多，并作了种种讨论与推广．囚犯人数也不限于9人，对 $n=21$，33，45，81，105，117，189 等都有解．

柯克曼十五女生问题

　　一位女教师带领 15 名女学生，每天都要散步一次．每次散步，她总把女生们平均分成五组，试问：能否制订出一个分组计划，使一个星期（7 天）内，每一个女生和其他任何一名同学只有一次同组？

　　这个问题是英国数学家柯克曼于 1850 年提出的，所以被称为"柯克曼十五女生问题"．

　　下面给出柯克曼问题的一个解：

星期一	星期二	星期三	星期四
1，2，3	1，4，5	1，6，7	1，8，9
4，8，12	2，8，10	2，9，11	2，12，14
5，10，15	3，13，14	3，12，15	3，5，6
6，11，13	6，9，15	4，10，14	4，11，15
7，9，14	7，11，12	5，8，13	7，10，13

星期五	星期六	星期日
1，10，11	1，12，13	1，14，15
2，13，15	2，4，6	2，5，7
3，4，7	3，9，10	3，8，11
5，9，12	5，11，14	4，9，13
6，8，14	7，8，15	6，10，12

欧拉三十六军官问题

这是组合数学中的一个著名问题.

据说，有一次，普鲁士腓特烈二世决定举行盛大阅兵典礼，他打算从 6 个不同的部队里面，各选出 6 个不同军衔（例如上校、中校、少校、上尉、中尉、少尉）的军官合计 36 人，排成一个每边正好 6 人的方阵，要求每行每列都必须有各个部队和各种军衔的代表，既不准重复，也不能遗漏.这件事情看来很好办，不料命令传下去之后，却是根本无法执行.阅兵司令接二连三地吹哨子，喊口令，排来排去，始终不符合国王的要求，使得腓特烈二世在来宾面前出了洋相.

后来这个问题交到数学家欧拉手里.在此之前，不知有多少个令人生畏的数学问题在他手里迎刃而解，但是这个问题却把他难住了.经过后人的苦心研究，终于证明腓特烈大帝的要求是无法满足的，也就是说，那样的方阵是排不出来的.

这种方阵在近代组合数学中称为正交拉丁方，它在工农业生产和科学实验方面有广泛的应用.已经证明，除了 2 阶和 6 阶以外，其他 3，4，5，7 等阶正交拉丁方都是作得出来的，而腓特烈大帝正好碰上了 6 阶，可说是没有交上好运.

4B	2C	5D	3E	1A
3C	1D	4E	2A	5B
2D	5E	3A	1B	4C
1E	4A	2B	5C	3D
5A	3B	1C	4D	2E

一个五阶正交拉丁方

分油问题

有个人用可装 10 千克油的桶装了一桶油去卖，正好来了两个买油的，每人要 5 千克，但是没有秤，只有两只空桶，可以分别装 7 千克和 3 千克油．请大家想个好办法，利用这三只容器来把 10 千克油分成 5 千克的两份．

为了便于记录，我们采用三数组记号（a，b，c）．第一个数字表示 10 千克桶中油的质量，第二和第三个数字则分别表示 7 千克与 3 千克桶中油的质量．于是，不难看出，倒十次就成功了．具体步骤如下：

$$(10, 0, 0) \longrightarrow (7, 0, 3) \longrightarrow (7, 3, 0) \longrightarrow (4, 3, 3)$$

$$\longrightarrow (4, 6, 0) \longrightarrow (1, 6, 3) \longrightarrow (1, 7, 2) \longrightarrow (8, 0, 2)$$

$$\longrightarrow (8, 2, 0) \longrightarrow (5, 2, 3) \longrightarrow (5, 5, 0)$$

显然这样的记法还可改进，因为三数之和必须为 10，所以只用两个数就行了．今后我们约定只记录 7 千克桶与 3 千克桶中油的质量，例如，我们可用（0，0）来代替（10，0，0）；用（0，3）代替（7，0，3）等．

具体写出来，便是（0，0）→（0，3）→（3，0）→（3，3）→（6，0）→（6，3）→（7，2）→（0，2）→（2，0）→（2，3）→（5，0）．

于是，我们找到了一个能解决分油问题的科学方法，从而把盲目的试探性方法转化为系统的方法．它不仅可以解决本题，还可以解决一系列同类问题．

铺瓷砖

一户人家的餐室地面的形状尺寸如图1，想买瓷砖将地面铺起来．但市场上只有1×2的长方形瓷砖．能否用这种完整的长方形瓷砖正好铺满这间餐室的地面呢？

粗看起来用1×2的长方形瓷砖铺图1那样的地面是没有问题的，因为图1的面积等于40，是偶数，而1×2的瓷砖面积等于2，所以只要用20块瓷砖就可以恰巧把地面铺满．然而，事实上，把图1中的图形划成1×1的小方格，并黑白相间涂上颜色（图2）．我们数一下，黑格为19格，白格为21格，而每一块1×2的瓷砖总是遮盖住一个黑格和一个白格，所以，不管怎样铺法，至少有两个白格无法铺．这户的主人只能将某一块砖剖成两块正方形，才能铺好餐室地面．

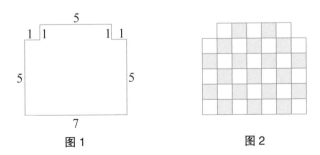

图1   图2

铺方砖问题

我们有如下算式：$1^2+2^2+3^2+\cdots+24^2=70^2$，那么能不能用边长为 1，2，3，…，24 的方砖各一块将边长为 70 的方地铺满呢？如果可能的话，请给出铺砖方案；如果不可能的话，退一步，请你从这 24 块方砖中挑选出若干块去铺，使空隙尽可能地小．

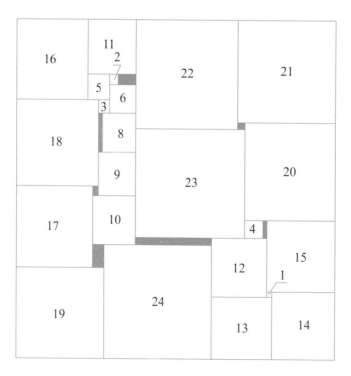

　　事实上，用这 24 块方砖铺满 70×70 的方地是不可能的．这说明"铺砖"这类属于"组合几何"的问题不能光考虑面积，还要考虑形状的限制．上图所示的是用边长是 1，2，…，6，8，9，…，24 的方砖各一块（共 23 块）去铺 70×70 的方地的一个方案，其空隙面积是 7^2，即 49，为整个方地面积的 1％．这个方案未必是最优的．

四儿分土地

　　某老汉在临终前，决定将一块土地（如图 1）平分为四块分给四个儿子，并要求这四块的形状和整块土地的形状相似，该怎么剖分呢？如果老汉的土地如图 2、图 3，又该怎么分呢？

　　可以如下面图 4、图 5、图 6 这样分．不难证明，所分四份是全等的，并且都与原图形相似．

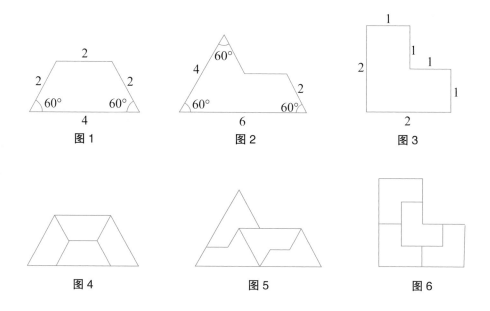

图 1　　　　　　　　图 2　　　　　　　　图 3

图 4　　　　　　　　图 5　　　　　　　　图 6

七桥问题

要在一次散步中走遍七座桥，既无重复，也不遗漏，又不准在同一座桥上来回．能做得到吗？

一条河有新河、老河两条支流，它们最后汇合成大河．在这两条支流汇合处有一小岛．这样，全城就被划分为北、东、南三区和岛区，共有七座桥将它们沟通（如图 1）．

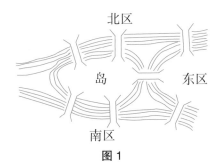

北区

岛　　东区

南区

图 1

很多人曾作过多次尝试，想在一次散步中无重复地走遍七桥，但从来没有人办成这件事情．

大家觉得很奇怪，又猜不透其中的奥妙，便去请教大数学家欧拉．

欧拉画了一个简单的图形来表示地理特征（如图 2），用 A、B、C、D 四个点分别表示北、东、南区和岛区．如果两区之间有桥相通，便在相应的两点之间

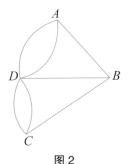

图 2

画上一线段连接．于是，过桥的问题就变成图2能否用一笔画成了．

由于在图2中，奇数的顶点有4个，所以它是不可能用一笔画成的．因为，对于中间的顶点来说，"进"和"出"的线段总是成对出现的，也就是说，对于中间的顶点，和它们相连的线段总是偶数条．但对于起点和终点来说，如果它们不是同一点，那么和它们相连的线段就都是奇数条，这时，奇顶点只有2个；如果起点和终点是同一点，那么就没有奇数顶点．所以，我们可以断定：一个图如果可以一笔画成，那么这个图中奇数次顶点的个数不是0就是2.

欧拉所解决的"七桥问题"被公认为现代图论的开端．

蜘蛛与蚂蚁的比赛

如图，蚂蚁与蜘蛛分别停在一个六面体的两个顶点上（B 为蚂蚁，E 为蜘蛛），蚂蚁得意地对蜘蛛说："小蜘蛛，咱们来比赛吧！大家沿着棱爬，谁先爬过所有的棱到达顶点 A，谁就获胜．你敢和我比吗？"蜘蛛不声不响地点点头，比赛就这样开始了．你说谁将取得胜利？为什么？

不妨假定六面体的棱长都相等，蚂蚁、蜘蛛的爬行速度也相同．问题的关键是谁能无重复地爬完所有的棱而到达顶点 A，谁就获胜．这样问题就转化为空间一笔画问题．蜘蛛的出发点是奇点（即有奇数条通路，这里是 3 条），终点 A 也是奇点，所以可以一笔画从 E 到 A（自 E–D–C–B–D–A–B–E–C–A），每条棱只经过一次．而蚂蚁的出发点 B 是偶点，无法一笔画走完所有棱到达 A 点（奇点），必须走一些重复道路，因此落后于蜘蛛．

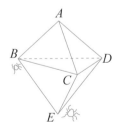

用图论捉贼

在六个流浪汉中，肯定有两人各偷了一辆自行车．

哈利说："小偷是查理与乔治"；

詹姆士说："唐纳德与汤姆是小偷"；

唐纳德说："贼骨头是汤姆与查理"；

乔治说："哈利与查理干了偷窃勾当"；

查理说："唐纳德与詹姆士是作案的人"．

在追问汤姆时，他躲开了，根本找不到他这个人，因此也不知道他将要说些什么．

在上述这些人的回答中，有四个人的话半对半错，他们都正确地指出了其中的一个人是小偷，而提到的另一个人则是不对的．不过，也有一个人的回答是彻头彻尾的谎言．

那么，究竟是谁偷了自行车？

画一个图，图上的每个顶点表示一个人，可用字母 C、G、H、T、D、J 依次代表查理、乔治、哈利、汤姆、唐纳德与詹姆士．凡被提到名字的两个人，就用一条线段来连接，例如 CG 就反映了哈利的话（如图）．

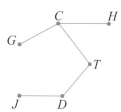

为了抓住小偷，只要在图上检查各个顶点：看一看有哪两个顶点，作为端点的次数之和是 4 就行了．顺便说一句，代表小偷的

两个顶点之间是不应当有线段相连的，否则将意味着有一个人讲了全部真话，而不是"半对半错"了．汤姆虽然躲开，但我们的信息已相当完备，他讲不讲都不影响问题的解决．

结果是：小偷只能是查理与詹姆士（顶点 C 与 J）．

图形标号问题

　　某足球队为了庆祝胜利，举行一次游园活动．在游园会的大草坪上，有人布置了一个大五角星（图 1），要求 11 名队员（他们分别穿 0，2，5，6，7，10，11，12，13，14，15 号球衣）站在五角星的 11 个交叉点上，并且要使各条线段的两个端点上球员身上号码的差恰巧分别是 1，2，3，…，15.

　　可以作如图 2 那样的安排．

　　这类问题称为"图形标号问题"．

　　本题是由霍迪和库皮尔在 1978 年解决的．

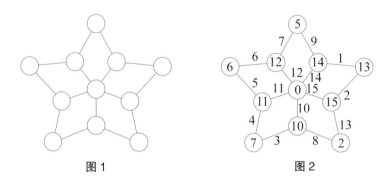

图 1　　　　　　　　图 2

嫉妒的丈夫

有三个嫉妒心非常强的丈夫各带了自己的妻子走到河边，他们都想过河，但是河中只有一只小船，至多容纳两人．由于每位丈夫都不放心他的妻子与别的男子在一起，除非他本人也在场．于是渡河就成为难题．他们有办法解决这个难题吗？

这个问题非常耐人寻味．设有夫妇 n 对（$n > 1$），而小船的容量是 x 人，x 当然应大于 1 而小于人的总数．容易看出，若 $x=4$ 时，则对无论多少对夫妇都不成为问题，$x=1$ 是肯定不行的，因为船必须划回来，始终是一个人划来划去，别人又从何而渡呢？所以值得讨论的 x，只限于两个值：$x=2$ 及 $x=3$．

现在研究 $n=3$ 的情况，设 Aa 表示一对夫妇，A 男 a 女；另两对夫妇类似地可记为 Bb 及 Cc.

应用已介绍过的图论方法，我们可以列出下面的渡河方案．

状态	河的此岸	河的彼岸
（1）	$AaBbCc$	—
（2）	$ABCc$	ab
（3）	$AaBCc$	b
（4）	ABC	abc
（5）	$ABbC$	ac
（6）	Bb	$AaCc$
（7）	$AaBb$	Cc
（8）	ab	$ABCc$

笔记栏

状态	河的此岸	河的彼岸
（9）	*abc*	*ABC*
（10）	*a*	*AaBbC*
（11）	*ac*	*ABbC*
（12）		*AaBbCc*

人们已经证明，$x=2$ 时，4 对夫妇就没有办法过河了；$x=3$ 时，最多可以渡过 5 对夫妇，但 6 对就没有办法．塔利系统地研究了各种情况，最后得到下面的结论性意见：

小船容量 x	2	3	4
最多可以渡河的夫妇对数 n	3	5	不受限制
渡毕所需的最少来回次数 N	11	11	$2n-3$

最早把这个世界名题引进中国的是中国数学会第一届理事、扬州中学数学教师陈怀书先生．我国前辈数学科普作家薛鸿达先生曾写过一篇专文《渡河难题》，对此作了全面介绍．

牧师与歹徒

三个牧师与三个歹徒要乘一只最多只能容纳两人的小船过河，他们都能划船，也允许小船可作多次来回．然而，在河的任何一岸，只要歹徒人数比牧师多，他们就要加害牧师．试问：怎样渡河才是安全的？

河有两岸，此岸与彼岸，显然我们只要用数组（x，y）来表示此岸乘客的情况就已足够．这里的第一个数字 x 表示牧师人数，第二个数字 y 表示歹徒人数．但是，在 16 个可能状态中，有些状态是要出事的，譬如说（1，3），这时牧师就有被歹徒加害的危险，所以理应扣除．这样剩下来的安全状态就只有 10 个，我们把这 10 个数组用直角坐标平面上的点表示出来，问题就清楚了（如图）．

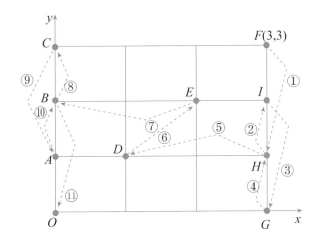

每次航行都是状态的一次转移，因为小船必须一来一往，所以第奇数次行动应是从此岸到彼岸，第偶数次行动则是从彼岸到此岸．由于小船的负载最多是二人，也可只乘一人，所以移动时应该沿着整数坐标方格网走过一或二格．第奇数次应向左、向下，或向左下方移动，第偶数次应向右，向上，或向右上方移动．综合以上几项因素来考虑，我们就容易通过图解的办法，找到安全的渡河方案．经过十一次航行，即可使牧师与歹徒安全渡河，不出任何问题．

最后再略微解释一下符号：①表示小船的第一次航行，从状态 F 转移到状态 H，即从（3，3）变为（3，1），这一步相当于 2 个歹徒过了河．其他的步骤与此类似．

哈密顿周游世界问题

怎样沿着正十二面体的棱走遍所有的顶点，而且每个顶点只经过一次？

爱尔兰数学家哈密顿在 1859 年发明一种玩具，并以 25 英镑卖掉了它．它是一个正十二面体，在顶点标上了世界各著名城市的名字．当然，这些城市是任意挑选的，并不一定要严格符合地图比例尺或实际距离．

可以看出，图 1 上代表每个城市的顶点都有三条棱和其邻点相接．我们现在用笔来周游世界，怎样游才能满足问题的要求呢？请看图 2 所揭示的路线，以任何一个点作为起点，沿着实线走下去，最后必可回到出发点．这条路线正好游遍二十个点，而没有任何重复．

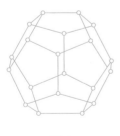

图 1

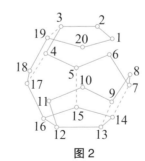

图 2

后记

让孩子不再恐惧数学

数学是很多孩子的老大难问题，有的孩子甚至看到数学题就紧张，这种情况对于孩子的发展来说是非常不利的，不仅不利于升学发展，更对孩子的自信产生了极大的影响。

数学真的那么难吗？不是的，只是孩子没有掌握方法。首先让孩子认识到数学的乐趣，真正不惧怕数学，才能开展之后的一系列学习策略，这就对父母的教育方式提出了更高的要求。家长的引导十分重要，在注重全面发展的今天，升学也是不能逃避的问题，如何帮助孩子对数学产生兴趣，必须从引导开始。

当孩子对数学感到恐惧的时候，这时候是不能强迫的，要让孩子认识到数学不难，数学是和生活息息相关的，在生活的方方面面都有数学的"化身"——怎样判断众说纷纭的信息的真假？去动物园游玩，怎么"瞄"出大象的身长？这些情况在生活中比比皆是。

那么，数学是怎样在生活中运作的呢？它就像是一种语言，通过这种语言，能够告诉人们一些不为人知的"秘密"，帮助我们得出更多的结论，做出更多的判断与决策，这些都是数学给予我们的。当孩子把数学当成一种语言的时候，也许就不会那么恐惧它了。

这本书出版的本意就是希望更多的孩子能够喜欢上数学，如果能对数学产生兴趣，从而愿意学习数学，这本书出版的目的就真正达成了！